放膽做決策

戦略プロフェッショナル

シェア逆転の企業変革ドラマ

一個經理人1000天的策略物語

三枝 匡
Tadashi SAEGUSA｜著

蕭秋梅、黃雅慧｜譯

經營管理 93

放膽做決策：一個經理人1000天的策略物語

作　　者　三枝匡（Tadashi SAEGUSA）
譯　　者　蕭秋梅（前言至第二章）、黃雅慧（第三章至後記）
企畫選書人　文及元
責任編輯　文及元
行銷業務　劉順眾、顏宏紋、李君宜

總 編 輯　林博華
發 行 人　凃玉雲
出　　版　經濟新潮社
104台北市民生東路二段141號5樓
電話：(02) 2500-7696　傳真：(02) 2500-1955
經濟新潮社部落格：http://ecocite.pixnet.net
發　　行　英屬蓋曼群島商家庭傳媒股份有限公司城邦分公司
台北市中山區民生東路二段141號11樓
客服服務專線：02-25007718；25007719
24小時傳真專線：02-25001990；25001991
服務時間：週一至週五上午09:30-12:00；下午13:30-17:00
劃撥帳號：19863813；戶名：書虫股份有限公司
讀者服務信箱：service@readingclub.com.tw
香港發行所　城邦（香港）出版集團有限公司
香港灣仔駱克道193號東超商業中心1樓
電話：852-25086231　傳真：852-25789337
E-mail: hkcite@biznetvigator.com
馬新發行所　城邦（馬新）出版集團Cite(M) Sdn Bhd
41, Jalan Radin Anum, Bandar Baru Sri Petaling,
57000 Kuala Lumpur, Malaysia
電話：603-90578822　傳真：603-90576622
E-mail: cite@cite.com.my
初版一刷　2012年6月7日
初版八刷　2017年11月16日

城邦讀書花園
www.cite.com.tw

ISBN：978-986-6031-14-4

售價：350元
Printed in Taiwan

〈出版緣起〉

我們在商業性、全球化的世界中生活

經濟新潮社編輯部

跨入二十一世紀，放眼這個世界，不能不感到這是「全球化」及「商業力量無遠弗屆」的時代。隨著資訊科技的進步、網路的普及，我們可以輕鬆地和認識或不認識的朋友交流；同時，企業巨人在我們日常生活中所扮演的角色，也是日益重要，甚至不可或缺。

在這樣的背景下，我們可以說，無論是企業或個人，都面臨了巨大的挑戰與無限的機會。

本著「以人為本位，在商業性、全球化的世界中生活」為宗旨，我們成立了「經濟新潮社」，以探索未來的經營管理、經濟趨勢、投資理財為目標，使讀者能更快掌握時代的脈動，抓住最新的趨勢，並在全球化的世界裏，過更人性的生活。

之所以選擇「**經營管理—經濟趨勢—投資理財**」為主要目標，其實包含了我們的關注：「經營管理」是企業體（或非營利組織）的成長與永續之道；「投資理財」是個人的安身之道；而「經濟趨勢」則是會影響這兩者的變數。綜合來看，可以涵蓋我們所關注的「個人生活」和「組織生活」這兩個面向。

這也可以說明我們命名為「經濟新潮」的緣由——因為經濟狀況變化萬千，最終還是群眾心理的反映，離不開「人」的因素；這也是我們「以人為本位」的初衷。

手機廣告裏有一句名言：「科技始終來自人性。」我們倒期待「商業始終來自人性」，並努力在往後的編輯與出版的過程中實踐。

目錄

放膽做決策

【推薦序】

從一個企業個案診斷日本產業發展上的沉痾

許士軍

基本上這是一本描述一家大型鋼鐵公司併購了一家較小的醫療檢驗儀器業的故事，這本書之能夠引人入勝，乃是書中將一個轉敗為勝的過程，透過一位被授以大任的角色廣川洋一，以一種小說體的「全案例」性質，將其中所發生的各式各樣的策略和管理問題，以具體而貼近現實的手法一一道來，使人讀起來愛不釋手，非一口氣讀完不可。一本書能夠達到這種境界，除非作者具有對問題的深刻體驗和文學素養，否則是做不到的。

故事似乎很單純，就是這家醫療器材公司，空有一種功能優異的叫做「朱彼特」的檢測儀器，但是卻賣不出去。在這情況下，不但使得公司財務瀕臨困境，士氣也極低落。但在這位主角廣川洋一的問題剖析和診斷下，找到問題癥結，毅然提出具有策略性的創新做法，帶動公司幹部，將一年估計只有九台的業績一舉達到一百四十八台的奇蹟。

當然，如果只是這樣一個故事，也不只是我們在報章雜誌都可發現的企業經營成功的報導而已，作者真正要表達的，乃是指出日本企業經營上普遍的沉痾和深陷的死胡同：老闆們所做的，就是「跟在員工背後嘮嘮叨叨責罵和鞭策」；表面上「各種員工都很勤奮認真，但是整體士氣卻很低落」；大家「對客戶競爭對手的意識薄弱，隨心所欲，瞎忙一陣」。

在這種狀況下所缺乏的，就是正確的策略思維和實際策略的領導與組織創新。針對這點，書中生動描述，公司如何經由正確的策略和有效的領導，帶動一種朝氣蓬勃的文化，使公司同仁幾乎脫胎換骨，做起事來充滿活力和鬥志。

在這一切背後的，作者認為日本企業界之和美國企業界不同的，在於對於「專業主義」（professionalism）的認識和重視上。在美國，諸如波士頓顧問公司（ＢＣＧ，Boston Consulting Group）、麥肯錫（McKinsey & Company）、貝恩（Bain & Company）這類以管理顧問為名的服務業，儘管收費昂貴，但是當他們發表高論時，可以見到美國頂尖企業的執行長（ＣＥＯ）們，「不遠千里地飛奔前來，座無虛席地側耳傾聽，深怕聽漏一字一句」，這種現象所反映的，就是一種對策略的專業主義的重視。然而在日本，依作者回顧當年加入ＢＣＧ時，「當時的ＢＣＧ在日本完全沒有名氣，就連所謂『策略』這樣的用語，對於日本社會來說，都還是個很強烈且新鮮的辭彙」。

作者認為，相較於美國，日本在專業主義上這方面之落後，構成日本國家競爭力提升的嚴重障礙。所謂策略上的專業主義，就是企業界所重視的，並不是只知埋頭苦幹，奉命辦事的人，而是一種勇於打頭陣的人，它們能打破既有的競爭思維，創造出自己的競爭規則。作者直接了當地說：「如果日本企業不自我提升這種專業水準，將愈來愈難在全球推展具有優勢的策略」。

在此必須強調的是，這種專業主義不只是表現在美國外部蓬勃發展的策略顧問業，在書中所顯示的，這種精神也可以（或必須）存在於企業內部。譬如本書主角的廣川洋一，就是能將這種精神應用在他的角色上，使得一家毫無生氣的公司重現生機。

如前文中所稱，本書的價值並不只是說明一個轉敗為勝的企業個案，而是指出日本企業界一種基本弱點之所在──缺乏對於專業精神的認識和重視。自宏觀立場，日本經濟自一九九〇年代以來，盛極而衰，其背後原因，已有各式各樣的分析和詮釋，無疑地，本書也嘗試提出一種屬於企業經營理念上的解釋，值得我們進一步思索和探究。

更重要的，作者所做的診斷，是不是也可以應用在我們臺灣的企業身上呢？由於國內企業經營者和他們的理念所受日本影響甚深，甚至以日本為典範，本書所探討的日本失敗經驗是不是更值得我們藉以自我反省和謀求改進之道呢？

（本文作者為台灣董事學會理事長）

【推薦序】

動態的策略分析

司徒達賢

學術研究講究單點深入，經過精緻的推理驗證，可能在某些特定觀念上有所創造發明。然而實際問題，尤其是策略問題，所牽涉的因素十分複雜，因此在教學上就必須依賴大量的個案分析與討論來協助學生學習整合為數眾多的考慮因素或理論，並做出考慮更周密而全面的決策。這是策略管理必須運用個案教學的基本原因。

然而個案教學有其限制。其中之一是內容的完整程度。學生雖然常嫌個案教材篇幅太長，理解與記憶困難，然而比起真實的策略決策，個案教材其實已過於簡化。其中之二是教學用的個案不易展現策略思考的動態性，易言之，教學用的個案多半只呈現某一時點上的決策議題與相關資訊，無法進行後續的前提驗證以及回饋與檢討。而像本書這種長篇策略小說，正好可以彌補這些不足。

本書作者是擁有豐富實戰經驗的管理顧問與企業經營者，使本書內容方面展現了許多優點。

第一是描述了策略思考的動態發展過程。如前所述，聚焦於單一時點的個案無法讓大家體驗到「從現有資訊構思出方案↓持續蒐集資訊以驗證方案可行性↓依據新的資訊重新修改方案↓再次蒐集資訊進行驗證」的動態過程。而這本書報導的是橫跨一段期間的故事，可以讓讀者很清楚的看到書中主角這種理性的動態思辯過程。

其次，本書充分凸顯了策略決策中「非經濟面」因素的複雜性。隨著故事展開，書中陸續呈現許多策略決策上不可忽略的事項，除了產業需求、產品特性、競爭者意圖分析等「經濟面」的因素外，還考慮到了母公司的立場、策略聯盟伙伴的期望、機構客戶的內部採購流程、組織調整與策略執行之間的連動、獎金制度對業務人員落實執行策略構想的影響，以及種種執行上的細節。這種陸續出現的新變項或原先未曾考慮的限制，使讀者體會到這些非經濟因素在策略決策中的的重要性，並進而了解許多策略失敗其實未必是策略構想的偏差，而是在這些方面考慮未周所造成的結果。

第三，任何決策除了理性的「陽面」考量之外，還不能忽略所謂「人的內心」在決策中的角色。本書巧妙的讓讀者認知到相關人士（包括主角、上司及同仁）的個人立場、當事人的個人前程規畫等「陰面」因素對策略抉擇所發生的作用。這些並無負面的意味，只是說明了相關人士的價值觀念、個人得失，以及社會心理層面的因素，在複雜策略決策中的角色。

第四，基於以上三項觀念，本書向讀者說明了策略領導人在推動策略時，應如何設法先行改變組織內部的文化與策略慣性、如何向各方推銷方案並整合各方利益，甚至如何造成風潮鼓勵人心等等的實務上做法。

本書不足之處也有兩項。第一是書中聲稱所運用的理論是「ＢＣＧ模式」，事實上所談到的策略觀念已遠超過「ＢＣＧ」這種極度簡化思維模式所能涵蓋的範圍。其次，策略決策包括資源分配、綜效創造、競爭優勢，以及企業長久在產業網絡中的定位等等十分根本的抉擇，因而即使在理性分析的前提下，策略決策也極其複雜，而本書中所談的策略決策，似乎只局限在行銷甚至定價決策的範圍內。我可以理解這兩項缺憾應該都是基於提升本書可讀性的考量，然而為了避免有些對策略管理並不熟悉的讀者，因為本書的內容而誤解了「策略」所涵蓋範圍的複雜性與全面性，因此在此做出了此項提醒。

（本文作者為政治大學講座教授）

【推薦序】

哇！原來策略領導者是這麼想的！

楊千

當管理知識需要具象化之時，故事書會要比教科書來得有效得多。

這本書，就是一本可以讓人讀得津津有味的「故事書」，它不僅具有故事性、趣味性，還有真實性。甚至，在整個故事情節中，作者三枝匡刻意嵌入許多重要的策略管理的名詞與概念，因此，這本書也極具學術性。

我們常常聽到有人形容某位領導者「這個人很有business sense」，英文裡說的business sense，在業界我們就直接翻譯為「商業頭腦」。換個說法，「商業頭腦」指的也是「眼光神準、直覺超強、嗅覺敏銳」。

如果我們想知道為什麼創業者或老闆們，會如此精準地抓住商機、正中問題核心的商業頭腦，最簡單的辦法，就是和他們多接觸、多相處。無論是經常一起開會也好，或是當他們的特別助理也好，把他們當成貼身教練，平日仔細觀察、耳濡目染之下，就能從教練身上學到商業頭腦的精髓。

就像我常跟同學們說：「你是誰並不重要，你常跟誰在一起比較重要。」因為，只要常跟聰明人在一起，可以學到許多思考模式，自然而然也會變聰明。當然，常讀聰明人寫的書更省時間、更有效率。本書就是一本這樣的書，彷彿作者就是我們的貼身教練一般。

本書中，作者不只是告訴我們在關鍵時刻要有膽識勇於做決定，更重要的是，他以小說為主、解說為輔的寫作方式，詳細描述在這些決定背後，必須要有一系列嚴謹邏輯的分析做為支持後盾。

過去半世紀，個案教學已逐漸成為管理教育的一項很務實的手法。但是，我們所看到的個案，為了配合在學期間排課與在教室內操作，大都是片斷的、有特定訴求的；說得極端一點，如同「瞎子摸象」一般，不可能有整體的全面觀。還好，現在有這本書，以「全案例」的方式，重現決策現場如何進行策略思考的過程，這些都是原汁原味的事實再現。

作者像導遊一般，很有耐心地交代關鍵時刻策略思考的前因後果，以及面臨重要決策過程中的焦慮心情與化解方式，這本書對於真心想學習商業頭腦的人來說，可說是毫不藏私的傾囊相授，讓人突然了解：「哇！原來策略領導者是這麼想的！」

（本文作者為交通大學ＥＭＢＡ榮譽執行長）

【推薦序】

從經理人到策略領導者

蔡惠卿

企業經理人可藉由本書的案例，重新檢視所屬部門或公司的組織能量，並讓自己學習內化而成為真正的策略領導者。如果你是新上任的事業部負責人，那麼，這是一本珍貴實用的參考書。

（本文作者為上銀科技股份有限公司總經理）

【推薦序】

深思熟慮、付諸行動、力求改變

劉奕成

在企業工作多年，一直在心中揣想：

「創業和改造企業，究竟哪個比較困難？」

這顯然是個永遠不能比較的問題。

這本書至少說明了改造企業的困難，尤其是當你空降至一家正在衰退的企業，不僅要去除企業員工對空降主管的質疑，還要想辦法說服他們為你賣命、達成目標；而且，一個錯誤的決定，很有可能造成無法挽救的傷害，天天處在危懸一線的狀態。

因此，在做決策時，需要深思熟慮，不能貿然行事。

想改變現狀，就必須有策略。

不過，即使有了策略，更重要的是，創業和改造企業都需要執行力，就算沒有百分之百的把握，還是要行動。

深思熟慮、付諸行動、力求改變，而且，當下就要改變，不但是最近政治領袖挾以當選的法寶，更是手中握有一副好牌，卻不知道怎麼出牌的企業主，可以汲取的寶貴經驗——而那口井，就在這本書中。

（本文作者為中國信託金融控股股份有限公司研發長）

【推薦序】
以策略思考，點燃三十世代的工作熱情

徐瑞廷

「如果有一天，公司突然要你坐上經營者的位置，你會怎麼做？」

本書與市面上策略相關的書籍有很大的不同。作者三枝匡以小說的手法，佐以理論的說明，真實呈現一位不熟悉產業、但是擁有扎實問題解決能力的年輕經營專業人士，如何抽絲剝繭，一步一步地將公司帶向成功的過程。全書不僅高潮迭起，更細緻描纂了關鍵問題的解決過程與主角的心路歷程，讓人想一口氣讀完。

本書主角廣川洋一因緣際會，從一家大型鋼鐵上市公司的新事業開發部門，跳槽到一家專門做醫療檢測的小公司擔任常務董事，負責該公司未來的明星事業部門——「普羅科技事業部」。廣川與該部門的業務企畫課長東鄉一起從現狀分析（baselining）下手，釐清各個產品線的成長潛力與競爭力之後，鎖定了幾個有高度成長空間與領先競爭對手的商品為策略重點。

首先，他們面臨的第一個關鍵問題是，為什麼這些有競爭力的產品銷售卻不如預期？

雖然公司內部的銷售人員有一些既定的看法，經過廣川與客戶的深度訪談與分析後，發現問題出在某些關鍵假設上。比方說，傳統的醫療檢測採人工方式，每個試劑約數百日圓，不需購買機器。雖然普羅科技開發出劃時代的自動檢測產品，但是牽涉到動輒數百萬日圓的機器購置，使得銷售人員普遍覺得這個新產品太貴、難賣。

後來，廣川發現，其實新產品的試劑比傳統試劑便宜一半，如果採用新產品，醫院只要十八個月就能回本。所以他認為這個只是定價的問題，如果拉高新試劑價格來補貼機器成本，就能夠降低客戶的初期投資，加上新產品以機器檢測，速度與精確度都比傳統檢測來得高，如此一來，就能讓客戶有充分的理由採購自動檢測儀器。

故事中還有很多精采的分析，容我在這裡先賣個關子。

本書作者三枝匡是波士頓顧問公司（BCG）在日本最早雇用的顧問之一。身為三枝先生的後輩，筆者的日常工作正是幫助企業制定策略、解決複雜的商業問題，也多次經歷了類似本書中提到的過程，而這個故事，正是典型扭轉現狀的情節。

我們經常發現這些公司之所以無法突破現狀，關鍵因素便是因為抱持了錯誤的假設，像是上述的「機器太貴、定價太高」等。因此在專案中，我們會在初期將這些關鍵假設一一列出，利用大量內外部分析，包括客戶訪談或調查、競爭分析、現場觀察、客戶數據分析、公司銷售人員訪談等，多管齊下驗證假設，然後再對症下藥，提出我們的建議。

礙於篇幅限制，本書無法詳盡列舉在實戰中遇到的所有挑戰。舉例來說，光是了解市場規模與競爭對手市占率就是極具挑戰性的工作。在規模較大的產業中，雖然有第三方市場報告可以參考，但報告不盡全然正確。而大部分產業沒有相關報告可以參考，更別說常有貼現（rebate）等各種因素，讓競爭對手銷售額認定變得更加困難。

然而，釐清市場規模與市占率正是策略制定的基礎。大部分的公司都只清楚自己的銷售額，但是，「百分之十五」的產品年成長率到底是好是壞，很大程度上取決於整體市場成長的力度。若市場成長超過百分之十五，表示你的市占率正在衰退，但若市場成長低於百分之十五，表示你正在奪取市場占有率。因此我們在實際執行專案時，常會花不少力氣驗證這些市場基本數據，確保往後策略制定與資源分配有扎實的依據與基礎。

最後附帶一提，筆者第一次接觸本書是在約十年前，還記得當年由於故事太激勵人心，不僅一鼓作氣、不眠不休地讀完，還讓我對BCG產生強烈的興趣。相信讀完本書，你會更加了解如何結合經營理論與實務，也會對策略制定有更清晰的認識。

（本文作者為波士頓顧問公司〔BCG〕合夥人兼董事總經理、BCG臺北分公司負責人）

前言

日本企業的弱點

美國企業的策略經營模式失敗了嗎？

一九六〇年代末期，在商業領域中創出史上第一個實際可行的「策略理論」者，是美國的管理顧問公司——波士頓顧問公司（Boston Consulting Group，以下簡稱ＢＣＧ）。

這個影響並不僅止於策略理論的範疇，甚至可以說，這是點燃美國的管理顧問業在一九七〇年代開始出現巨幅成長的火種，出現員工人數高達數千人、分公司遍布世界各地的管理顧問公司，規模之大，儼然形成一個產業。

一九七〇年代初，在這個可稱為「策略黎明期」的階段，我是第一位ＢＣＧ在日本雇用的管理顧問，後來，從東京外派到位於美國波士頓的ＢＣＧ總公司工作。

當時，美國的經營高層對ＢＣＧ的企業策略理論所寄予的關心，足可以「狂熱」來形容。

位於波士頓郊區的鱈魚角（Cape Cod）是個高級渡假勝地，也以甘迺迪家族（Kennedy Family）的別墅而聞名。每當在這類地點舉行企業策略研討會時，雖然參加費用非常昂貴，但是，那些對於參加費用毫不以為意的美國頂尖企業的經營高層，仍不遠千里特地從美國各地飛奔前來，會場總是座無虛席。

一九六三年，布魯斯．韓德森（Bruce Henderson，一九一五－一九九二）憑一己之力創立BCG。他是位高個子但乍看之下毫不起眼的人，而他就是企業策略理論普及全球的幕後推手。

韓德森的英文有著濃重的美國南方口音，加上說起話來細聲細語，身為日本人的我，有時聽不懂他說的話。然而，研討會的與會者中，也有些美國人似乎也和我一樣有相同的問題。每當韓德森站上講台開始進行簡報時，參加的經營高層們，總是如如不動地側耳傾聽，深怕聽漏一字一句。

當韓德森的簡報結束時，整個會場就瀰漫著一股「哇！終於鬆了一口氣！」的氣氛，然後，就會像早就在等候這一刻來臨一般，此起彼落地爭相提問。在一來一往的問答中，我深切感受到稱霸世界的美國企業經營高層們的自信與驕傲。

然而，自此之後的二十年間，也就是在一九九〇年代美國重振雄威之前，許多美國企業陸續在與日本企業的對戰中敗陣。不論是早在一九六〇年代，就已造成美日貿易摩擦問題的纖維產業，或是鋼鐵、汽車、電子、半導體等業界，昔日有如巨人般矗立在我們面前的美國企業，陸續被日本趕上超前。

因為大顯身手、突飛猛進而建立起自信的日本人，在邁入一九八〇年代後半時，甚至開始併購美國企業。當紐約地標之一的洛克斐勒中心（Rockefeller Center）落入日本人手中時，美國人這才覺悟自己竟已衰敗至此。當時甚至謠傳，克萊斯勒（Chrysler）被日本汽車廠商併購，恐怕也是遲早的事情。

因此，自然也就出現「對於美國的經營者而言，策略管理到底是什麼？」之類的批判。也就是說，分析市場、解讀競爭對手的強項、弱點，再擬定自家公司的策略等，美國經營階層爭相學習的企業策略管理，終究無法讓美國企業更強大；對此，大家開始進行一連串的批判與反省。

比方說，一九八〇年代中期，就出現了這樣的看法。比方說，井然有序、合乎邏輯進而擬定策略的做法，「對一般普通的美國企業未必奏效」（出自《企業進化論》，野中郁次郎著，原書名『企業進化論：情報創造のマネジメント』日本經濟新聞社，一九八五）；或是「以往美國在優勝劣敗的競爭原理中，一味追逐策略管理，但是，卻失敗了」（節錄自《網路時代的組織策略》，原書名『ネットワーク時代の組織戦略』，今井賢一等人合著，第一法規出版）。

日本再度被逆轉，究竟弱點在哪裡？

然而，進入一九九〇年代以後，日本的泡沫經濟崩潰，從極盛時期迷失在深邃黑暗的隧道裡。此時，歷經長久低迷的美國，卻早已建構起一個日本即使花費二、三十年，也無法輕易迎頭趕上的驚人強項。

這個驚人的強項，就是美國積極培育「策略家」。

如果以企業經營來看，目前日本企業正面臨嚴重的「管理人才匱乏」窘境。長久以來，集團主義（按：人云亦云、沒有自我主張）一直是孕育出日本企業優勢的基礎。但是也正因如此，所以日本人鮮少有從年輕時就有刻意冒險的機會，一方面戰戰兢兢、步步為營，一方面逐漸累積管理經驗。

一九九〇年代之後，許多日本企業的業績陷入低迷。明明最高經營階層的領導能力應扮演關鍵角色的時期已經來臨，但是，環顧公司內部，這才發現員工個人「管理經驗」極為薄弱。尤其是日本並沒有培養進行事業革新的「策略管理者」，這一點，更是逐漸明朗化。

即使觀察大企業以外的狀況，美國也有無數新興企業盛衰榮枯、不斷重複。其中，創業第一年營收就超過百億日圓的新興企業，就像是理所當然似地被廣泛傳誦著。每當前往造訪這類公司時，往往是年輕的社長親自接待；這種情形如果以日本的常識衡量，會感到大吃一驚。

他們雖然年紀輕，但是，各個都不是經營企業的門外漢。創投企業大起大落的戲碼，帶給美國年輕人龐大的經營管理經驗。他們敢拎著一只皮箱就隻身前來日本，和日本企業平起平坐地一較高下。

如果日本和美國的職場工作者所累積的經營管理經驗總量，可以分別加以量化，二者之間的差異，絕非二國的人口比或GNP比所能比擬。恐怕美國會比日本多個二、三十倍。而如果進一步把範圍限縮在二十歲到三十九歲的年齡層比較，想必彼此之間的差距更將高達數十倍。

創造經營know-how的管理顧問公司

自一九六〇年代以來，美國的管理顧問公司就把日本式經營的想法或know-how轉移到美國，各自闡述成為獨到的手法或概念，進而發揚光大。在二次世界大戰後的美日競爭關係演變中，他們成為串聯二國的幕後推手，默默地發揮著重大的功能。

這種情況，一直持續到他們將日系企業的經營手法充分消化吸收，到了一九九〇年代，「日本第一」的神話破滅、美國人對日本失去關心為止。在此之前的三十年之中，對美國的管理顧問來說，日本是生意上可以拿來大舉促銷熱賣的素材。

而且，美國的管理顧問公司也開始在歐洲廣設據點，把日本轉移到美國的經營know-how或由此發展而出的新概念，向歐洲傳播。

事實上，並不只有歐洲。美國的顧問公司也透過他們雇用的日籍管理顧問，把原本出自日本的經營手法、know-how或概念（有時巧妙包裝得像是純正的美國血統一般），從美國回銷日本。

而且，現在這股影響力已經完全跳過日本，遍及於亞洲。這三十年之內，他們的觸角已快速延伸至亞太地區等地。比方說，一開始BCG只在東京設立分公司，現在則擴展到首爾、香港、上海、曼谷、新加坡、吉隆坡、雅加達、墨爾本、雪梨（按：二〇一二年六月為止，BCG在亞太地區的據點還包括：臺北、北京、名古屋、新德里、孟買、清奈〔Chennai〕、奧克蘭、坎培拉、伯斯）。麥肯錫（McKinsey & Company）除了前述地點外，在臺北和北京兩大華人重點城市設立分公司。（按：二〇一二年六月為止，麥肯錫在亞太地區據點還包括：上海、香港、新加坡、首爾、曼谷、河內、吉隆坡、雅加達、馬尼拉、孟買、邦加羅爾〔Bangalore〕、清奈、戈剛〔Gurgaon〕、伊斯坦堡〔Istanbul〕、墨爾本、雪梨）。

這代表什麼意義？這種現象類似在全球廣設的美國有線電視新聞網（CNN，Cable News Network），美國的「經營know-how的產業」所開發的經營概念，透過這類組織，散播到世界各國（一方面創造身為專家的高所得），並且藉由在地分公司吸取各國的企業資訊，穿梭在該公司遍布全球的組織網。

專家的工作，不分國籍。他們把客戶的利益列為優先，以此採取行動。所以，他們並非刻意為美國工作。然而，不可否認的，不知不覺中，藉由他們的活動，美系企業的經營手法與美式價值觀，逐漸滲透到全球企業經營者的內心和行動中。換句話說，系出美國的商業遊戲，一步步擴展到全球。

培育專家，是當務之急

如果要用一個關鍵字，表達日本和美國之間差距，那個字就是「專業主義」（professionalism）。在專家的養成層面腳步明顯落後的日本，在國家競爭力已經背負嚴重的障礙。

目前，企業經營所需的策略領導者明顯不足的現象已經檯面化，希望以新興企業取代大企業的嘗試，也進行得不順利。為何如此？因為嚷著要培養日本新興企業的只有學者、官僚、媒體與金融機構，但是，卻欠缺最重要的企業經營專家。更別提在專家的工作中，被公認最需要有本領的創投家（venture capitalist），可以說，日本只有一小撮的專家。

時代改變，再也不能對這個問題置之不理。

當日本企業試圖進行多角化經營或企業再造，而跨足前所未有的新領域時，需要的經營能力是勇於打頭陣，而且不斷往前進攻的領導家。而當人站上組織的頂端時，必須具備與以往截然不同的膽識。許多日本企業，已經暴露出這種人才基礎的淺薄。

如果社會或組織裡，專業主義的職業勢力過於龐大，就會為弱肉強食的法則所支配，人們的動向將會變得流動、短暫，貧富差距將會擴大。這種弊端在美國社會極為常見。所以，我認為如果日本過度依循美國的規則，日本很可能會喪失原本的優勢，墮落成一個總是緊跟在美國後面的跟屁蟲，永遠只是個非主流的「路人甲」。

相對地，如果日本無法對抗美國的專業主義，一直處在「路人甲」的狀態，這也會成為導致吃敗仗。目前，日本已經被逼進這樣的絕境了。日本企業如果不自我提升經營的專業水準，將愈來愈難在全球推展具有優勢的策略。

率先解決這個問題的企業，無疑地將成為二十一世紀的倖存者。年輕世代從中體驗到無形的管理know-how，十年之後將積累出即使其他企業想要急起直追也難以趕上的成果。

有臨場感的商戰全案例

如果有一天，公司突然要你坐上最高領導者的位置，你會怎麼做？如果你就是本書主角廣川洋一，突然被迫接下重責大任，必須以策略家的身分在激烈的商戰中一決勝負，你會怎麼面對這個考驗？

或是，假設你離開公司自行創業，設立充滿夢想的創投企業，自己擔任社長，你要用什麼方法擬定何種經營方針？

本書原本是以管理階層為對象舉行的策略訓練研討會教材，一開始是在鑽石出版社（Diamond）的支援下出版，進而再行修改成為本書。書中的相關依據是真實的案例，因為如果用虛構的故事進行策略訓練，就會變成只是遊戲；所以，市場狀況或競爭動向必須以事實為基礎的原始資料。

不過，身為管理顧問最重要的職業道德是不得洩漏客戶機密，甚至連客戶的公司名稱都不能告知第三人。所以，類似這種商業個案，幾乎都不會公開客戶資料與故事。本書是在取得關係人的理解和協助下撰寫完成，為了避免觸及商業機密，所以使用比較舊的案例，再配合二十一世紀的商業環境重新改寫而成。

為了讓故事具有臨場感，因此在背景上做了一些安排鋪陳。比方說，與母公司的第一鋼鐵、委託代理經銷的美國普羅科技公司（Protech，化名）之間的關係，以及廣川洋一的角色設定等，都做了改變。書中登場的企業、人物、產品等，都使用化名，對話內容也都經過重新組織，每一個人的發言並不是根據對談紀錄寫成。

不過，在策略上拿來做為問題設定的重要事實關係，全部都是真有其事。比方說，相當於醫療檢驗器材「朱彼特（Jupiter，化名）」的產品，推出第一年只賣出九台是事實。此外，當時的市占率、競爭對手的所作所為、普羅科技事業部業務員的人數或組織架構，也都是真實情節。廣川洋一向眾人宣布的目標銷售台數、擬定新策略之前的時間變化或作業過程，也都是原汁原味的事實再現。

本書的個案定調為「全案例」，也就是說，與美國商學院慣用的個案教學或是學者撰寫的經營策略書籍裡的個案大異其趣。

一直以來，我對於商管個案的教材抱有強烈的不滿。一般來說，歷來的個案只有二種情形；一是因為寫得過於總體，以致凸顯不出經營者個人內心世界（像是身為決策者的苦惱）；二是極力將資訊控制在最少的程度，只寫出個案教材不可或缺的要件，導致內容枯燥無味。這種內容對於專收二十幾歲年輕學生的商學院學生或許還算新鮮，但是，對於工作經驗豐富的商務人士來說，這種搔不到癢處的個案讀起來味如嚼蠟。

而且，我也對少有專門為日本人撰寫的精彩企業策略個案這一點，感到不滿。一般單行本書籍或報章雜誌，刊登的文章大多是根據最終結果，對於經營者歌功頌德、錦上添花，卻很少以理論解析經營者在成功之前遇到的困難險阻。因此，就在這樣的動機下，以小說體的全案例寫成本書。

打破競爭規則

如果要讓事業策略獲致成功，就必須打破業界視為理所當然的競爭規則。換句話說，事業成功的人，通常是由自己創造新的競爭規則；如果經營事業只是沿用目前市場上的競爭規則（也就是所謂的業界常識），老二永遠別想幹掉老大換人當家，老三也永遠只是個不痛不癢的角色而已。

本書中的主角廣川洋一，為了突破具有競爭優勢的對手重重阻礙，總是顯得苦惱不斷，一直努力設法想找出新的競爭規則。最後，他終於找到了，在不被看好的情形之下，打敗強勁的競爭對手。究竟其中隱含著什麼樣的策略know-how和問題點呢？故事即將開始，請各位讀者細細品味。

第一章

決意展翅高飛

廣川洋一的決心

日本首屈一指的鋼鐵製造廠——第一鋼鐵的總公司位於東京副都心。

新事業開發部的主查廣川洋一，正從二十四樓的窗戶俯瞰著新宿鬧區。

就在上個星期，他才剛度過三十六歲的生日。

進公司第八年時，他被公司遴選為公費留學生，前往哈佛大學（Harvard University），取得企管碩士（ＭＢＡ）學位。

身材壯碩結實，加上一張曬成古銅色的圓臉。雖然外表看起來內斂，卻有一種總是讓人忍不住另眼看待的存在感。

「今天下午我已經跟部長報告，請他答應我轉調到新日本醫療，經營該公司一陣子。」

「真的嗎？」

站在隔壁，一臉驚訝的是廣川的同事小山田。

在這個當下，兩人都還無從得知這個決定將會如何逐漸改變廣川的人生。

明明在鋼鐵業工作，字裡行間卻突然蹦出「醫療」這個字眼，這是因為廣川為了推動公司由鋼鐵業轉型，一直以來，投入多角化策略規畫之故。

事實上，剛剛才有個大規模的新事業開發計畫，在剛剛結束的臨時董事會中獲得最後批准。

他們打算把新事業開發部的活動擴及公司全體部門，更深入推動公司轉型的策略。

「如果這個計畫進行得不順利，我們的想法就會被說成是權宜之計，或是學者的紙上談兵。」

「可是，如果真的出現這種批判，恐怕那時候第一鋼鐵也倒了。因為，根本沒人知道有什麼其他替代方案。」

之前才有新聞報導，連新日鐵（按：全名為「新日本製鐵株式會社」，現為「新日鐵住金」）的社長都表示，如果再這樣下去，新日鐵可能會倒閉。

很早以前，確實就有鋼鐵產業恐將陷入大蕭條的徵兆。

日本的鋼鐵業循**國際產業轉移**的模式，被韓國、中國迎頭趕上，步上美國的後塵，處境和之前的美國一模一樣。

然而，面臨蕭條窘境的不只有鋼鐵業而已。

包括電子、半導體等產業，日本也都開始受到不斷成長茁壯的亞洲各國強敵環伺。即使在邁入二十一世紀之後，許多日本企業的策略也依然被灰色的封閉感所籠罩。

新日本醫療的發展軌跡

「尋找新事業的種子」，高層下達了這樣的命令。而廣川造訪新日本醫療，也是這個行動之一。

新日本醫療，是現任社長小野寺於二十年前創立的公司。

今年五十八歲的小野寺和廣川一樣是九州人。長得圓圓胖胖，看起來和藹可親。

雖然兩人年紀相差將近兩輪，但不知怎地，打從第一次見面，廣川和小野寺就一見如故。

早年擔任電子工程師的小野寺，最初是做通訊產品的電子零件。

個人電腦問世後，他很快就投身其中。

沒多久，個人電腦市場開始出現爆炸性成長。就好像人人都被病毒附身一樣，開始快速擴展。

個人電腦市場發展的初期階段，小野寺就有預感，覺得自己的小公司恐怕很難在往後劇烈的市場競爭、推陳出新的技術革新中勝出。

再怎麼增加人手也趕不上研發的速度。

每每自家公司成功開發優越的新產品，自信滿滿以為這就是席捲市場的殺手級產品時，很快地，其他競爭廠商也緊跟著相繼推出新產品。

剛開始時，不管做什麼，自家公司都遙遙領先在前，然而，**被競爭廠商迎頭趕上**的間隔卻愈來愈短，最後競爭廠商終於和自家公司平起平坐。然後，可能再過不久，情況就會逆轉，變成自家公司開始落後；小野寺有這個預感。

經過一番苦惱思量後，他毅然決然地決定退出個人電腦市場。轉而希望從其他領域尋求未來的事業核心。

當時，剛好一家美國廠商來找他合作，在此契機下，他轉進應用電子技術的醫療機器領域。

第一次和廣川見面時，小野寺對一直以來投身鋼鐵領域，理當是醫療機器門外漢的廣川所展現的意外反應，留下強烈的印象。

那是一個因緣際會的開端。

「社長，高科技新興公司之所以受挫，絕大部分都不是因為技術研發不如人，而是因為生產技術或業務體制不如人。這種公司似乎都沒有察覺到，隨著市場日漸成長，**競爭的重點也逐漸轉移**。」

因為很少碰到主動挑起這種討論的人，所以，小野寺不但沒有不高興，反倒還被廣川吸引，和他開始討論起來。

「廣川先生，當公司不斷成長時，經營者往往以為這種榮景會永遠持續。」小野寺說。

「可是，事業發展似乎有**成功所需的成長底線**。也就是說，如果呈現爆炸性成長的市場，即使自家公司創下高達百分之六十的驚人年成長率，最後還是有變成吃敗仗的情形。」廣川說。

小野寺內心不禁一驚。感覺好像自己過去的失敗，被廣川一眼看穿似地難堪。

那時候，感受到說不出口的厭惡感。競爭對手的腳步聲不斷啪噠啪噠地從背後逼近，不久，一個個陸續超越自己；眼看著競爭對手超前自己揚塵而去的背影，自己手上卻只留下天文數字的貸款。

「可是，廣川先生，要我們這種日本的小企業建立體制，瞄準更高的高成長目標，未免太嚴苛了吧？」

「對，但是，如果不堅持一定要**全面開戰**，力拚到最後，或許有辦法險中求勝、打贏一場硬仗。」

「怎麼說？」

「也就是轉進**局部戰爭**、**限縮事業**（鎖定市場）。換句話說，就是經營策略論所說的**區隔化**（segmentation）。」

「……」

「社長，我無意冒犯您，不過，做生意，不管區隔得再怎麼小，**在某一個領域做到第一名**，似乎就是致勝訣竅。」

小野寺覺得廣川這個人很有趣。

也許他滿口的長篇大論，僅只是菁英上班族的知識罷了。

但是，廣川說得很對。小野寺覺得，如果自己有這麼犀利的見地，也許當年就不會面臨退出市場或經營危機的窘境。

小野寺雖然開始投入醫療機器領域，以取代原先的個人電腦事業，但是，一開始，其也只是為美國廠商在日本生產的醫療機器，進行電子零件的生產而已。不過，就在持續一段時間後，小野寺對醫療領域也開始有點了解。

隨著協助美國廠商的開發計畫、為購買該廠商機器的醫院進行維修服務，不知不覺之間，小野寺也和各地的醫療院所、醫療研究機構建立人脈。

不久，他們也開始應用擅長的電腦技術，提出自己的商品構想。小野寺最後把事業核心鎖定在「醫療電子、生化科技」，並在五年前把公司名稱變更為「新日本醫療」。

但是，經營得並不輕鬆。自行開發的產品仍然很少，大部分還是仰賴進口商品的代理銷售。

小野寺開始感到有點疲憊了。

他兀自暗忖，如果可以，希望找人來經營公司。

雖然如此，但該公司還是有所成長，並在兩年前，達到營收超過二十億日圓、員工也接近一百名的規模。

而就在這時，第一鋼鐵竟然主動前來洽談合作事宜。

第一鋼鐵參與出資

「第一鋼鐵這麼大的公司，為什麼會想對我們這種小企業出資，不會是有什麼企圖吧？」

小野寺一率直地提出這個疑問，第一鋼鐵的員工拚命否認。

這些人一個個都是一流大學畢業的菁英。

「我們是為了要進行多角化經營，而想跨足醫療領域。」

「我們需要的是創業家的**冒險精神**。所以，這也是一種學習。」

「我們絕對不是要併購貴公司。老實說，這和單純的合作沒兩樣。」

從他們的話裡行間，實在感覺不出可疑之處。

由於他們是看好新興產業的熱潮，因此想藉由和新興企業合作，抓住推動多角化策略的契機。

小野寺覺得，這個提議應該還可以接受。領域截然不同的鋼鐵企業以股東身分入主公司，應該還不至於干預公司的經營吧？況且，如果日本首屈一指的鋼鐵廠商成為股東，公司也會因此鍍上一層金。即使業績再怎麼下滑，第一鋼鐵還是有其業界大老的地位。一直以來，總得辛苦打交道，才能獲得銀行融資、贏得客戶，有第一鋼鐵加入後，這些應該都會變得比較輕鬆才對。

而且，三年前才開始合作代理的美商普羅科技公司（以下稱普羅科技）眼裡，自己公司的信用度也勢必因此而提高。

第一鋼鐵表示，既然有意投資了，就希望擁有百分之三十以上的股份，全面提供資金支援新日本醫療公司。

對此，小野寺則主動提議，既然如此，就請第一鋼鐵乾脆出資百分之五十。

如果第一鋼鐵擁有百分之五十的股份，小野寺的持股比例將會降低。在一般世俗眼光看來，這簡直就跟把公司拱手賣給對方沒兩樣。

不過，他自己倒是看得很開，認為這樣反而比較好。

因為這麼一來，萬一今後經營有陷入困境之類的情形時，資金的籌措等，就可以交由第一鋼鐵全權處理。

再者，未來也希望公司股票能公開上市，比較之下，能夠迅速成長的方法，不就是利用大企業挹注資金的加持嗎？

雙方很快就達成共識，決定由新日本醫療將其資本額增為原來的二倍，而增資部分的股份，則全數由第一鋼鐵持有。

至於股票的取得價格，以**市價評估**為準，設定為面額的十二倍。

第一鋼鐵雖然認為估價偏高，倒也沒有怨言，全盤接受後，即將六億日圓總額匯入新日本醫療的銀行帳戶。

新日本醫療的股東股權結構也隨此變成：第一鋼鐵百分之五十、小野寺百分之三十五、其他股東百分之十五。

第一鋼鐵並依照與小野寺之間達成的合意，指派其新事業開發部長等二位管理階層人員，擔任新日本醫療的董事。

兩人都是**兼任**的**外部董事**。

第一鋼鐵更進一步應小野寺要求，暫且以調派的形式，送了二名即將退休的員工進新日本醫療，以加強該公司原本較不足的會計和經營企畫。

第一鋼鐵入股新日本醫療之後，不曾插手干涉小野寺社長的經營。

只有每月固定召開董事會時，二位兼任董事以及新事業開發部的負責人廣川會來公司而已。

「有什麼問題，別客氣，儘管提出來。」

即使小野寺主動開口要求，二位董事的回應也總是出奇低調安靜。

不過，小野寺還是很滿意。

因為每當有事時，廣川一定會專程過來。廣川的態度和第一鋼鐵的其他員工恰成對比。雖然在董事會席上，廣川總是保持緘默，但是每當和小野寺獨處時，他則凡事有話直說。有時，還會若無其事地說出讓小野寺心頭一驚的話。

「社長，關於上星期董事會內所說明的普羅科技事業部的新產品……」

「朱彼特（Jupiter）是嗎？」

「我感覺照那樣的做法，大概賣不了多少。」

這個世界上就是有些人，擁有那種「有話直說卻不會惹惱對方」的人格特質，真是令人羨慕。

「為什麼呢？」

小野寺一臉笑容。

「因為我覺得朱彼特行銷策略的**目標太模糊**，不知道究竟是要鎖定什麼樣的使用者進行銷售。」

兩人就從這裡開始展開一段漫長的對話。

對於廣川的建議，小野寺總是仔細側耳聆聽。以往從來不曾有人這麼清楚、有條不紊地對自己提出意見。

堪稱小野寺左右手的部屬，也就只有負責研發業務的常務而已。

雖然，名義上公司畫分成二個事業部，但是陣容卻相當薄弱，就只是小野寺自己身兼二個事業部的事業部長，下面再配置幾個年輕的課長而已。

如果總是一個人像陀螺一樣團團轉地處理所有事情，自己愈弄愈糊塗的事就愈多。

正因為如此，所以對小野寺而言，廣川的意見可說幫助很大。

就在第一鋼鐵投資新日本醫療不到一年的短短時間裡，廣川就這樣子變成了像是小野寺專屬的管理顧問。

對於扮演這樣一個角色，廣川也樂在其中。

事實上，他自己也正為了一件很苦惱的事情心煩不已。

廣川洋一的苦惱

在曾有「鋼鐵業是國家的根基」之稱的基礎產業中，第一鋼鐵尤以經營態度保守著稱。

第一鋼鐵沒有那種賦權給年輕一輩、讓他們大展身手的企業文化。但是，廣川卻優秀到足以突破這種障礙。

比方說，雀屏中選，以公費被派遣到美國留學，回國後，也一直遊走於能見度高的主力部門之間。

然而，最近幾年，廣川的心情總有些沉重。

幸運地以公費前往哈佛留學，讓廣川沉睡的意識完全覺醒。美麗的校園。

當悠閒慵懶地躺在草地上時，單人雙槳艇（Single Scull）就像水蜘蛛一樣，划過眼前的查理士河（Charles River）。

從日本來的廣川，就像突然被放出籠中鳥一樣，自由到覺得暈眩的程度。

以從事專業工作為目標，努力朝著目標前進的美國年輕人。美國那種開放的人際關係。

實力至上、自由開放的商務世界。

相較於此，回到日本時所感受到的第一鋼鐵那厚重壓迫的氣氛，感覺像是被硬塞進箱子內，被蓋上蓋子般的窒息感。

難道自己的未來，就只有在這裡嗎？

這個想法這幾年一直盤據在廣川的心頭。

廣川進哈佛大學時，同學中有一、二位同樣是日本企業派去的日籍公費留學生。回到日本的公司後，這四年裡，這群夥伴當中，已經有五個人轉換跑道。而且似乎還有增加的趨勢。

「還記得在哈佛時和我同班的山田吧？前幾天和他碰面時，他提到自己就要辭掉三菱商事（Mitsubishi Corporation）的工作，跳槽到波士頓顧問公司（Boston Consulting Group）。」

「史丹福大學的校友當中，日立（HITACHI）的大井也說，自己正在猶豫是要去麥肯錫（McKinsey & Company）還是貝恩（Bain & Company）。」

每聽到這類消息時，廣川就會忍不住坐立不安了起來。

他們的去處幾乎都是外商公司的專業工作。大部分的人都是選擇**以專業人士為志的生涯規畫**，也就是所謂的「專家」的職涯。

麥肯錫現在已發展成為在全球八十個城市擁有近五千名顧問的跨國顧問公司。（按：根據二〇一二年六月的資料，目前麥肯錫全球已有九十八個據點、約一萬七千名員工。）

一九六〇年代由創業者單槍匹馬、一手創立的BCG，在邁入二十一世紀的現今，已成為一個在全球四十個城市設有據點，員工超過二千人的專家集團。（按：根據二〇一二年六月的資料，目前BCG在全球四十二個國家設有七十七個據點、約八千名員工。）

然而，日本的管理顧問公司當中，有些跨國規模的連一家也沒有。

和廣川一樣從哈佛回到鋼鐵業界的清水，去年跳槽到億康先達國際（Egon Zehnder International），轉行到高階人才顧問業。

這種找出高階經理人的候選人，再予以挖角，俗稱「獵人頭」（head hunter）的職業，現在也不再讓人有負面觀感了。

可見得，日本人的職業觀已經急速轉變。

光輝國際（Korn/Ferry International）、億康先達國際、羅盛諮詢（Russell Reynolds Associates）等國際頂尖的獵人頭公司，都已陸續進駐東京。

這些公司當中，有許多日籍員工擁有企管碩士學位，並且曾任職於索尼（SONY）、豐田汽車（TOYOTA）、日立等一流日本企業，由這些頂尖人才擔任高階獵才的角色。

即便是在日本公司的人，只要是第一流的優秀人才，應該至少都有過一次接到他們連絡，或與他們碰面的經驗才對。

他們已不再只為外商公司提供服務，也接受日系企業的委託，尋找高階日籍人才的委託案已急速增加。

到目前為止，廣川也接過不少這種電話，而這也是導致他猶豫是否要換工作的開端。

廣川的朋友在離開原來公司時，有人自費償還當年公司提供的留學費用，也有人什麼都不必做，直接就獲准離職。

不論是哪種情況，對日本企業而言，派員工留學的用心良苦，最後看來都是徒勞無功。專程遴選優秀員工，花錢讓他們接受更好的教育，卻無法留住他們的日本企業，究竟是為了什麼？

在美國留學期間，被種下「企圖心」這顆種子的日籍企管碩士們，如果真的想要實踐「企圖心」，放手一搏追求更高的成就，難道說，就只有從一手栽培自己的日本公司出走一途嗎？

來自美國的訪客

新日本醫療的業績不斷成長。

以營收來講，去年為二十八億日圓，而今年若能順利達成目標，將可達三十五億日圓。自第一鋼鐵入股後，該公司這二年的營收分別有百分之二十五的年成長率。

廣川依然常去新日本醫療，和社長小野寺論古話今。

有一天，由於小野寺的介紹，一位意外的訪客突然來拜訪廣川。

這位意外的訪客就是新日本醫療美國的合作對象，美國普羅科技副社長史提爾。雖然因為額緣髮線略微後退，外表看起來比實際年齡蒼老些，不過，應該還不到五十歲。

由他那張「九品中正」的臉孔研判，他肯定是某個大學的企管碩士。

普羅科技是十年前在美國起家的生化科技新興企業，總公司設在加州舊金山市郊，今年的營收換算成日幣約四百億日圓，被認為極富潛力而受矚目。

廣川和事業開發部長聯袂出席，一起拜訪史提爾。

換過名片後，史提爾立刻就進入主題。

「六年前，普羅科技就授權新日本醫療擔任日本的總代理。但是，因為營收成長狀況一直欠佳，所以我們在大約兩年前時，曾考慮和他們解約。」

這件事，廣川之前就聽小野寺提過。

「但是，就在那時候，剛好聽說第一鋼鐵要併購新日本醫療，所以我們就暫時打消了念頭。」

史提爾說，他們當時的估算是，有第一鋼鐵這種頂尖企業挹注資金給新日本醫療，必定大舉強化新日本醫療的經營體質。

「但是，觀察之後的發展狀況，卻發現沒有太大改變。普羅科技的營收也一樣只維持百分之十左右的年成長率。」

他所言確實不假，占新日本醫療整體營業額四分之三的醫療機器事業部，年成長率在百分之三十以上。相較於此，普羅科技事業部今年業績與去年相較，年成長率僅有百分之十一。

「美國普羅科技擔心，如果情況一直沒有好轉，公司在日本市場的發展必然會大幅落後。我這次前來拜訪的目的，就是希望能直接請教第一鋼鐵，了解貴公司今後打算如何帶領新日本醫療的經營方向。」

看起來，他對第一鋼鐵業績下滑一事，似乎也心知肚明。

搞不好，他是擔心第一鋼鐵會撒手不管，打算從新日本醫療撤資。

然而，雙方的對話卻完全沒有交集。

第一鋼鐵的方針是，雖對新日本醫療的經營提供支援，但並不干涉該公司具體的經營方針。

史提爾內心做此感想：

「我們美國的經營者對於經營旗下的關係企業，幾乎樣樣下指令，可說到了鉅細靡遺的地步。

「相較於此，日本企業這種悠哉悠哉的態度，到底是怎麼回事？還有，對每個月的業績，又怎麼能如此不痛不癢呢？」

二十世紀後半，對許多美國人而言，日本式經營堪稱是神話。

日本人何以能持續不斷地大躍進呢？簡直就像黑盒子（black box）。可是，邁入一九八〇年代以後，這個神話就開始一點一點破滅。隨著美國人撬開黑盒子，詳盡地窺探過裡面後，假面具就跟著一一剝落。

史提爾實在無法理解。美國的公司每三個月就得提出一季的業績接受檢視，包括子公司在內，對獲利管理可說卯盡全力。然而，為什麼這些日本人，卻能抱持這麼悠哉的態度？

更何況，第一鋼鐵今年度的業績還將創下新低。

廣川擔心，如果一直不給史提爾正面回應，今後與普羅科技的關係將會生變。但是，相反地，如果廣川等人無視於小野寺的存在，過度介入其中，則問題恐怕會變得更加複雜。

經廣川坦率說明箇中緣由後，史提爾滿臉無奈地起身告辭離開。

這次拜訪，史提爾並沒有太大斬獲。但是卻留下二個深刻的印象。

一個是，第一鋼鐵是個龐大得嚇人的公司，這是好事也是壞事。

另一個是，廣川洋一。

他內心暗忖，不知道有沒有辦法把這個人才拉進來，協助自己在日本進行事業布局。而打從二年前就一直抱有這個相同想法的，還有另一個人。

那個人，就是小野寺。

拜訪結束，從第一鋼鐵回來的史提爾，面色凝重地對小野寺這麼說道：

「小野寺先生，為了提升普羅科技事業部的業績，可否請你好好地下決心，擴編組織。

「我感到無法被說服的事情實在太多了。比方說，身為社長的你，竟然兼任普羅科技事業部的經理、也沒有專任的市場行銷經理，等等。

「如果你不能想辦法趕快拿出因應措施，我們只好考慮不再給新日本醫療代理銷售，委由其他日本企業代理銷售新產品朱彼特。」

對於史提爾連新日本醫療內部的事情都要干涉，小野寺感到有些不高興。

但是，卻不能因為這樣就和他起爭執。

畢竟，普羅科技事業部的營收雖然只占公司總營收的四分之一，獲利率卻一枝獨秀，公司有一半的利潤都來自它。

小野寺向廣川挖角

因為發生這件事，所以小野寺益發覺得自己的心力交瘁，幾乎已經到達極限。

新日本醫療的業績並不差，但是，徵才卻不盡人意，而且隱約感覺到這個問題甚至可能左右今後的業績。

特別是在經營面，連個像他左右手的人也沒有，這點尤其是他最大的煩惱。

一天傍晚，小野寺約廣川到赤坂王子飯店大廳的大理石咖啡座（Marble Lounge），一見面，小野寺就單刀直入地說道：

「廣川先生，可以請你來我們公司嗎？」

廣川打從以前就有預感，遲早有一天會提起這個話題。

「而且，希望你能擔任常務董事。」

「很高興你想到我，但是目前我並沒有離開第一鋼鐵的打算。」

「那如果是用短期調派呢？」

「我想公司不會答應讓我這種毛頭小子擔任常務董事的。」

「可是如果要請你大刀闊斧進行改革，沒有這個職位是不行的。」

這是大約十天前的事。

廣川再次把目光投向新宿的夜景。

小山田也同樣看著窗外。

廣川有種感覺，他覺得只要自己去新日本醫療打拚，這家公司肯定將會變得更好。

雖然目光一直追隨著眼下距離遙遠、奔馳而去的救護車的紅色燈光，廣川的聲音聽起來卻很是開朗。

「我只是開始覺得，如果可以給自己挑戰專業工作的機會，就不必執著非留在母公司組織裡面不可。相較於打腫臉充胖子，趁現在還年輕，多充實**自己的實力**，才是優先事項。」

大企業的上班族，早已不再是社會大眾嚮往的目標了。

但是，依然還是有很多人對此極為執著，這難道不是只是因為他們看不到替代的生涯規畫而已嗎？

「我只是覺得，如果只因為看不到彎曲道路引導的目標，就一直靜靜地坐在原地思考，是什麼也不會改變的。」

自己從背後推自己一把，總之，就先邁開腳步，勇敢向前走。只要走到前方的轉角，應該也會逐漸看清那之後的道路是什麼模樣吧？

這正是廣川的心境。

「何況，也不至於沒飯吃呀！」

「廣川，沒想到你能看得這麼開。真讓人羨慕。確實即使照這樣繼續工作下去，也不保證將來就能獲得回報。只要看這次因為縮編而接受優退的員工……」

上了年紀，驀然回首，卻發現自己只是個平凡人。難得來世上一遭，廣川不希望自己虛度一生。

「剛好新日本醫療在這個時間點提出這件事。讓我覺得，他們應該會讓我自由發揮，讓我自己創造有趣的工作。」

是自己提出要去新日本醫療的。廣川是在告訴自己，朝著這個方向，再試試看。

「那感覺就像是，心念一轉、改變思惟後，人生也變得稍微有點意思了。」

說完後，廣川自己也笑了。

不過，其實他自己最清楚，他這種樂觀的看法，目前是沒有任何根據可循。

【三枝匡的策略筆記】

策略幕僚的利弊

經營高層的策略責任

目前，已邁入企業最優秀的人才必須捲起襯衫袖子、勇敢衝鋒陷陣、開創新事業的時代。不要怨嘆時局變動不定，而要將危機視為轉機，配合狀況，促使組織臨機應變，這才是打勝仗的重要關鍵。

不過，話雖如此，像廣川洋一這種長期在組織龐大的企業裡面工作的人，就這樣貿然進入經營體制有著內憂外患的公司，是否能夠順利適應呢？想必任誰都會感到惶恐不安。

站在組織最頂端的第一名，與第二名（或第二名以下）之間最大的差異在於，對於攸關公司未來命運的策略，是否具有決策的責任。

當然，也有些人雖有責任卻不願意承擔，因為只要現在的業績還差強人意，縱使公司的領導者放著策略課題置之不理，處於模糊的狀態，反正「今天的經營」（當下）也不會立刻陷入困境。所以，如果真的想逃避責任，暫且還能得過且過。

然而，就像拳擊比賽中上半身的重擊（body blow），會隨時間漸漸隱隱作痛一樣，這將會對於「明日的命運」（未來）造成深遠的影響。等到察覺時，已是陷入束手無策的境地了。換句話說，當下逃避決策責任，勢必招致未來的選項愈來愈少的苦果。

這就跟我們的人生一樣，總是準備多個選項的企業才能高枕無憂。領導者一面觀察情勢的走向，再從手中的選項中，看準勝負之路，鎖定策略，接下來就承擔起風險，一心一意地往前衝。想有一番作為的經營者，就是這種會主動承擔起決策責任的人。

但是，對於像廣川這種經營經驗尚淺的人而言，即使想要盡到身為領導者的責任，也必定總是覺得自己嘴上無毛、還不夠牢靠。無論如何，一定要避免勉強使用所謂「民俗療法」，免得最後把公司搞得四不像。可是，也沒辦法一蹴可幾，眨眼之間突然就變成一位卓越的領導者呀！一想到這個，被賦予重責大任的你，是否會覺得頓時渾身癱軟無力呢？

對領導者而言，人情世故、領導魅力、善解包容，這種人性層面是不可或缺的人格特質。但是，只憑這些人性，並不足以擔負起決策責任。相反地，愈是想仰賴這種人性層面進行經營管理的人，看起來甚至愈有逃避決策責任的傾向。

如果要以領導者的身分，對部屬宣達重大指令，領導者本身一定要具備策略判斷的眼光、見識與直覺（sense）。為此，領導者本身必須非常用功，培養某種程度的策略理論基礎才行。

策略理論有用嗎？

當今在日本蔚為風潮的企業策略理論，幾乎都誕生於美國。

一九七〇年代以後，除了ＢＣＧ、麥肯錫之外，美國專攻企業策略的顧問公司可謂盛極一時。以日本而言，特別在企業策略的領域，也是外商顧問公司遠較本土公司有名。

然而，企業策略論的鼻祖——美國，在進入一九八〇年代以後，卻有太多大企業在全球市場敗陣下來、鎩羽而歸。看到這種美國企業的凋零，許多日本人自然抱持疑問：「這些美國血統的企業策略理論，是否值得相信？」

一九七〇年代初期，引燃全球企業策略論熱潮的是ＢＣＧ的產品組合管理（ＰＰＭ，Product Portfolio Management）。在該理論受到眾所矚目時，以管理顧問身分說明該理論時的暢快感。因為，以往經營者在腦海中分散思考，幾乎只能憑直覺進行連結的重要經營要素，就這樣乾淨俐落地結合在一張圖表上。

市場占有率的價值、事業的生命週期、現金流量、成本動向、價格政策、多角化策略或退出策略，由於這些複雜的策略課題，全都以可視化的圖表整理得淺顯易懂、一目了然，讓聽取簡報的經營者們各個眼神發亮、目光炯炯。

自己公司的事業定位，全都被自動分類。這種分類就像西部片的好人與壞人、走下坡的警長和明日之星、時而美女現身令人目眩神迷一般，近乎色彩感覺。所以，對於特別喜歡簡單明快的美國人而言，這個策略理論可說正中下懷。

然而，過不久，美國那些身為BCG競爭對手的管理顧問們，則開始批評這個理論過於單純。但是，由於產品組合管理的分析手法大受歡迎，以致他們基於生意的考量，也不能全盤予以否定。

於是，相對於BCG使用二乘以二的表格（亦稱BCG矩陣〔BCG Matrix〕），麥肯錫就使用三乘以三的表格（亦稱麥肯錫矩陣〔Mckinsey Matrix〕）。諸如此類地，在好人和壞人之間、非黑也非白的灰色地帶，在各方掀起在中間地帶放入更複雜的價值判斷的方式，才更接近現實等討論。

但是，我認為不管是運用誰的手法，組合策略對美國企業的關鍵影響，在於把沒有希望的事業定位為無望事業（敗犬），再將其和退場或出售等策略具體結合，等於是把產品與資源分配連結的策略。

當時，美國的經營者一直深為不知如何判定無望事業，也難以統一公司內部意見所苦惱。而組合策略給了這個問題明確有力的解答。

組合理論瞬間在美國企業之間廣為普及，據稱，在一九七九年，美國《財星》五百大（Fortune 500）企業當中，有接近一半都以某種形式，將組合策略理論引進經營管理中。

當時的那股流行風潮，只要想想一度風行日本的企業識別（CI，Corporate Identity）或最近的供應鏈管理（SCM，Supply Chain Management）熱潮，就可輕易理解。一開始是有勇氣的經營者投入建立企業識別，獲得世人矚目。漸漸地，只要許多企業見狀起而傚尤，不知不覺中，每個人就會覺得「如果不能趕搭列車就落伍了」而開始感到焦慮。

本來建立企業識別，是為了創造「策略優勢」，後來，情況卻演變成如果不建立企業識別，就會造成「策略劣勢」，於是，企業識別熱潮更加擴大延燒。

企業策略手法就這樣企業識別一樣，迅速普及於美國企業。然而，其後的推動才是問題。

由上而下的美國企業

為了說明後續的策略概念，在此，請容許筆者說些題外話。

我後來離開ＢＣＧ，到史丹福大學留學，取得ＭＢＡ後，在芝加哥落腳，進入一家名為百特醫療產品公司（Baxter International Inc.）的美國公司，擔任社長特別助理一職。

當時該公司員工人數約三萬人，在全球各地設有工廠和行銷公司的跨國企業。當時我周遭沒有半個日本人，我主要負責執行社長特別指示的專案，活動範圍集中在美國和歐洲。

社長是個辯才無礙、帥氣十足的型男，甚至謠傳他將出馬競選美國參議員，未來更將邁向美國總統之路。學歷是哈佛MBA的他，有著美式足球選手般強壯的體格，而且，長得非常英俊。

有一天，社長召見我。社長辦公室在董監事專用的一號館裡面。穿過專用的長廊，前往社長辦公室。窗外有噴水池，池裡有雁鴨優游其間。那是專為會長和社長打造的庭園，前方則是佔地數萬坪的廣大用地。

我們面對面在沙發上坐定後，社長就開始說明，研究所的組織效率似乎有問題，他很擔心。給我的指示則是，花幾個禮拜時間，抽絲剝繭，找出研究組織應改善之處，再向他報告。

該研究所位於從前做為總公司辦公室的老舊建築物裡，共有大約四百位研究員。我雖然對經營管理有所涉獵，但對科學的專業領域卻一竅不通。我一方面擔心自己是否足以勝任此工作，一方面則每天從早到晚，在研究所內部遊走，按主管研究所的副社長、各研究部的部長（director），其下的研究室長等順序，逐一進行訪談；一邊製作複雜的作業關連圖，一邊進行分析。

和他們談話時，感覺每隔一分鐘，就會出現一個從來沒聽過的專業用語，而且，還是英文。在他們看來，一定覺得怎麼有個啥也不懂、奇怪的東方臉孔在研究所裡面晃來晃去。也有一看到我的臉，就露骨地表示鄙夷不屑的美國人。但是，這樣的人卻每每在知道我是社長特助後，態度就一百八十度轉彎，變得異常親切。只能說，美國也有很多勢利眼的傢伙。

我所製作的作業關連圖，龐大到連研究所的幹部也不曾見過，並包含許多他們所沒有察覺的事項。該研究所確實有很多像是相似的研究主題，在多個部門各自分散進行等，可見得投入資源的重疊和浪費。

我按原定計畫，把分析結果做一整理，並加上我提出的改善建議之後，就提出報告給社長。我想社長應該會參考這份資料，和研究所的幹部等進行更詳細的討論，為了處理其他專案，隔天我即前往歐洲出差。

兩個禮拜後回到公司，就聽到奇怪的傳言。說是公司發布人事命令，針對總公司負責管理研究的董事、研究所的幹部等進行大規模的改組調動。我有種預感，於是立刻就去問社長發生了什麼事。果然，不出所料。

社長直呼我的名字，說道：「TADASHI（匡），你做得很好。謝謝你！」這位站在跨國公司頂點、卓越有才華的社長，在我才剛眨眼的一瞬間，就把我的建議付諸實行了。

讓我親眼見識到美國最高經營者的速度、膽識與決斷，無法想像身為社長直屬幕僚的我，竟然對公司所造成的如此震撼性的影響。諸如此類，都是日本公司所無法想像的情景。試想，一個才剛從外部進公司沒多久的直屬幕僚的建議，不但沒有「人微言輕」，竟然「舉足輕重」。我不禁重新對美國企業組織經營的不同，連連驚嘆。

強勢的策略企畫部門，對於企業有什麼負面影響？

接下來，筆者不是要說明百特醫療產品這家公司的故事，而將回到前面的主題，繼續說明策略的一般論。

誠如美國前總統尼克森（Richard Milhous Nixon）的國務卿季辛吉（Henry Alfred Kissinger）的地位，或是更淺顯一點，如同我在百特醫療產品擔任社長特助的經驗談，在在顯示一個事實，那就是對於組織領導者的幕僚，在美國通常賦予強大的影響力。在原本就有這種組織文化的情況下，一九七〇年代企業策略論迅速普及後，美國企業以組織架構的形式，把「智才」（按：類似軍師）與「將才」（按：類似統帥）分離的傾向，即日益明顯。

雖然社長本身就是膽識過人的「智才兼將才」（按：軍師兼統帥），但是，仍然進一步設置直屬社長、從事智庫工作的企畫部門輔佐。而這些在組織架構裡歸屬於「智才」的幕僚，將構思公司整體的策略或各事業部門的發展方向。

以實踐組合策略聞名的奇異（ＧＥ，General Electric）的策略企畫部門等，至今依然為人津津樂道。在許多美國企業內部，策略企畫人員開始變得擁有極大的權力。

相對於這種企畫部門，各事業部長則被定位為企畫部門構思策略的「忠實執行者」。以大企業而言，雖然名義上是事業部門或子公司，但是創下的年營收額也近一千億日圓，或常常是站在數千名員工之上。因此，事業部長原本就是自成一格的「將才」。如果用日本的情況來比喻，這就像是戰國武將的心腹，分別擔任各地要塞小城的城主一樣。

但是，自從策略計畫受到重視以後，「智才」卻完全站到最頂端，變成幾乎壓制「將才」的局面。當業務部門的負責人（將才）要去見總公司的社長時，還得事先跟擔任策略幕僚的年輕ＭＢＡ（智才）打點妥當、事前報備。以他們的立場來看，實際上增加了這些讓人感到厭煩的旁枝末節。

演變成如此的原因，首先，當策略理論愈複雜，能夠嫻熟運用策略理論的專業幕僚就擁有愈多發言權的宿命。而且，也不是什麼策略理論都像泡麵一樣，只要注入沸水，就會變成好吃的泡麵。依照加入調味料的不同，結論也會隨之大不相同。

而社長也陷入進退兩難的狀況。如果真的想把策略理論應用在自己每天經營上的研判當中，自己必得精通策略理論體系。如果自己不直接一頭栽進策略作業、自行判斷，將會導致違反常理的結論之虞。但是，現實裡，工作繁忙的經營者，根本不可能完全做到這點。

他們也覺得，全權交由外行人處理的做法，反倒危險。於是變成只能花大錢雇用策略顧問，或改而設置策略企畫部門，聘用精明幹練的人員，由他們擬定策略計畫。

因此，策略企畫幕僚就這樣在公司內部掌握了極大的權力。另外，美國追求立竿見影、立即見效的經營文化，也導致這種情況更為變本加厲。由於美國以公司的股價衡量經營者的績效，所以，經營者會極力確保每股獲利。在他們這樣的心理狀態下，被雇用的MBA或策略顧問，會怎麼擬定策略企畫呢？

由於解決製造現場或研發部門的問題，往往耗時又費力又無法立刻見效，然而，財務或併購（M&A）策略則迅速省事又容易進行投資計算，所以往往捨前者而選擇後者，這可說是再自然也不過了。也因為如此，所以業績不佳的事業部經理總是擔心，怕一個沒做好，自己的部門也許會在併購中被自家公司賣掉。

在業務經理看來，策略目標是那些聰明人在某個房間裡面製作，再由上面整個交辦下來。雖然新的策略方針接二連三出現，但是老實說，那些到底是根據什麼邏輯建構的？其實並不怎麼清楚。

當每年提出預算、營運企畫書（business plan）的時期來臨時，只要在固定的表單上面填上數字，其他就會有策略幕僚進行研議。這個作業因為也關係到組織架構的末端，所以舉例來說，包括日本的子公司在內，全球據點都會收到相同的表單。但是，子公司的幹部還是在不懂其目的和意義的情況之下，只是把數字填入，然後提出來交差而已。

美國公司因為菁英和非菁英之間的落差很大，所以，從事業部經理開始，愈往組織架構下方，策略的意涵就變得愈薄弱。很多時候，基層員工甚至對公司整體在做什麼也漠不關心。類似日本人在公司裡面感受到公司上上下下像是生命共同體的「一體感」（雖然這種說法誇張了些），在美國公司幾乎已經蕩然無存。

策略理論的本身，其實並沒有什麼不好

美國由上往下（top down）的垂直型組織文化、追求短期獲利的風氣、以MBA為主軸的數字管理、偏重策略企畫部門等要素相互作用，於是，策略理論朝向偏離美國公司的研究開發部門或生產現場的方向奔馳而去。一九七〇年代組合理論在美國的大企業之間蔚為潮流，以及一九八〇年代美國併購熱潮盛行，也和助長此風脫不了關係。

一九七〇年代最熱中信奉組合理論的奇異（GE），於一九八〇年代初期，時任執行

長的傑克．威爾許（Jack Welch），切中要害地直指組合理論的真髓，大聲疾呼「除了業界排名第一、第二的事業以外，其他事業全部割捨」等主張，正是最典型的代表。

明確區分黑白好壞，沒有第一或第二，就要盡量以高價出售。為了讓公司的股價維持在高價，所以避免長期投資。新技術只要跟外面買就好，公司內部的研究開發則盡量縮減，導致研發人員失去幹勁，自己公司的獨自技術也隨之逐漸枯竭。

對於高價併購而來的公司，一般的處理方式就像日本的投資客不斷把土地轉手以哄抬價格的模式一模一樣。只不過土地幾經轉手也不會腐敗，然而，公司卻會腐敗。

為了立即獲利，而長驅直入，整頓研究開發。為能多少回收資金，就將公司解體出售。就跟切割土地分售一樣。併購對象的經營團隊不斷更迭，企業文化也隨之變得破碎不堪。在以前極為賣座的美國電影《麻雀變鳳凰》（*Pretty Woman*）中，著名演員李察．基爾（Richard Tiffany Gere）飾演的主角，就是這種靠「零售公司」而致富的美國新富。

就在全美不斷周而復始地重複這種過程的當下，美國的產業也在一九八〇年代變得一片空洞。

我認為，當時美國經濟不振的原因，絕不在於與日本的貿易摩擦，而純粹是美國國內的問題，換句話說，眾多美國企業錯誤運用企業策略，最後導致美國經濟疲軟。然而，縱使如此，我也絲毫不認為發源於美國的企業策略論的體系有誤，問題是出在他們策略理論的運用方式太差。

比方說，ＢＣＧ的理論體系早在一九六〇年代末期即已清楚預見，只要美國企業不改變經營方式，許多美國企業終將敗給日本企業而黯然淡出。

ＢＣＧ創辦人布魯斯．韓德森和ＢＣＧ日本分公司的社長詹姆斯．阿貝格蘭（Dr. James C. Abegglen，一九二六—二〇〇七）博士屢屢向美國企業提出這樣的警告。ＢＣＧ從一九七一年左右開始，即就鋼鐵、汽車領域，針對美國的經營者，舉辦相關策略研討會，說明日本企業的成長策略所造成的威脅。我也曾在阿貝格蘭博士的帶領下前往歐洲，在相同的研討會中進行簡報。

可是，美國的經營者還是不斷演出美國才有的商業賽局（business game）。大多數美國企業都從策略論出發，卻偏向於財務策略或併購。如果他們一樣從策略論出發，朝向強化長期競爭力所需的產品開發策略或提高生產效率的目標努力，美國企業的國際競爭力應該不會衰落至此才是。

因此，我認為那些「在理論層面擬定策略的架構與做法」值得存疑之類的主張根本毫無根據，是因為他們的方向有了偏差。

由這一連串的發展過程中，我們日本企業可以學到一個教訓，那就是，在公司內部設置過於強勢、專業的「企業參謀」的幕僚團隊，實在有待商榷。倒不如這麼說，把能夠擔任企業參謀的幕僚放在「將才」職位，擔任事業單位負責人，同時，讓「將才」職位的事業單位負責人待在可習得構思策略訣竅的「智才」職位，這樣的想法才更重要。

不懂得如何運用策略理論的職場工作者

那麼，在美國大受歡迎的產品組合管理，在日本的接受度如何呢？一九七〇年代，當BCG開始在日本伊豆半島的川奈飯店舉辦策略研討會時，也曾有知名的經營者連續參加三次，熱心聽講。之後還出了書，成為暢銷書。不過，也就僅止於此，感覺就像一時風潮，不久之後就平息了。

在日本，產品組合管理完全沒有像美國一樣，企業界切身感受到其存在，因此，財星五百大企業中，有一半公司引進，並加以應用以推動的長期策略。為何如此？

原因之一，應是這種像看電影一樣，能夠明確區分是非黑白、好壞善惡，過於明快的切割方式，讓日本人直覺地感到不安的緣故。「企業經營明明應該是更拖泥帶水、模糊不清，竟然整理得這麼簡單明瞭，真的沒問題嗎？」類似這種惶恐。

日本人有一種「如果不留一些模糊空間就做不下去」的特質，至少這一路走來，彼此之間是這麼相信著。在當時日本那種組織文化下，硬把過於明快的策略論塞給企業，企業恐怕反而覺得很困擾吧？感覺就像美國人抱怨「日本人是不明確說『是』或『否』的民族」一樣。

尤其，如果像組合理論這樣，明確區分「你的部門是金牛」「那傢伙的部門是敗犬」，試想對方的臉上會是什麼表情？只怕光用想像的，就會像洩了氣的皮球一樣，完全沒了勁吧？

因此，當把組合加以改造，像麥肯錫矩陣留下非黑非白、不好不壞的中間地帶時，為了避免冒犯人，被歸類到中間地帶的事業就會增加。於是，不可避免地可能會變成像大企業僵化的人事考評一樣，把細微的評分內容予以巧妙搭配、調整，以使最終評價變成想要的結果。

企業策略論原本扮演的角色是，把現實「單純化」、直指問題核心。如果是公司內部的員工，就很容易流於必須顧及這邊的立場和那邊的面子，這個問題無法割捨，那個問題也很重要等，考慮東考慮西而難做抉擇。然而，卓越的策略論是不會顧慮這些人情世故，以單刀直入的方式切進問題的本質。因為策略論的目的只有一個，那就是面對競爭，是勝或敗。

因此，即便是日本，如果是高層領導能力強大的公司或老闆獨資經營的企業，就可以很容易地在領導高層的指揮下，擬定策略計畫，而執行面也可以由上而下的方式推動。

然而，一般日本的大企業卻很難這樣做。縱使有部分熱心的董事或中間管理階層努力研讀策略計畫或企畫（planning）相關書籍，或參加研討會鑽研相關內容，然而，一旦回到公司，想加以實際應用時，往往會遭到質疑，說「你幹嘛賣弄那種理論？」這麼一來，就很難再提出自己的主張了。

因此，每當需要進行這類工作時，就會變成全權委由外面的權威專家處理。而且還傾向採取這樣的做法，盡量遴選公司的中間管理階層，組成工作小組（task force），推動「參與型」策略專案計畫，就容易取得公司內部的共識。這種日式做法相較於美式做法，形成鮮明的對比。

但是，再怎麼採行這種做法，或策略顧問這一行在日本再怎麼生意興隆，BCG或麥肯錫接案接到手軟甚至必須推掉的地步。但是，日籍董監事或中間管理階層裡面，有實際參與這類策略擬定、學到策略思考和落實執行策略的人數，仍然少之又少。

因此，在日本，諸如明明透過閱讀和聽講而具備策略理論知識，但卻幾乎不曾將之應用在自己工作上的，所謂空有滿腹經綸卻無用武之地的「策略知識分子」大幅增加。因為沒有實際運用過，所以也不知道其真正的威力。不過，這也是沒辦法的，畢竟雖然擁有精良的武器，卻沒有可以練武的場所。

而且，對一般人而言，再也沒有比策略理論還要難親近的知識。出版的書籍也都厚重得令人難以置信，書翻開後，看個十頁，就忍不住想打瞌睡。不可否認地，再怎麼研讀學者撰寫的抽象理論，也都像加工食品一樣，就是會覺得和生鮮食物大不相同。

事實上，專業的策略顧問也鮮少有人會勤勉地研讀這類書籍。因為很多書其實內容都換湯不換藥，而且，實際的顧問諮詢作業都是以客製化的量身訂做方式進行。因此，這類策略理論的書籍其實沒有太大的參考價值。

如此這般，日本大多數的職場工作者不管有沒有鑽研過策略理論，幾乎都不知道其實用價值。在公司的第一線層級上，曾就策略理論深入確認是否實用，或能夠有效使用到何種程度的人，真的是少之又少。

成為實戰的策略專家

不過，反過來說，目前，職場工作者如果能在日本妥為運用策略理論，將可獲得意想不到的效果。不必大舉應用於全公司的策略。只要是管理諸如子公司層級、事業部門層級、業務部門層級、地區層級等某種程度組織單位的人，就有很多可以運用策略理論的空間。

而且，也不必去想那些厚重書籍中所寫的複雜艱澀的理論。只要把單純的基礎理論融會貫通，忠實地應用在自己的判斷或企畫上，就可發揮顯著效果。

因為周遭的人都不這麼做，所以自己做的事情就很容易忠實呈現效果。本書主角廣川洋一的成功，也是這種典型。

不管到什麼業界，企業策略的基本理論都一樣。但是，即使有再優秀的「企業參謀」，或僱請再優秀的「策略顧問」，單憑這些，公司營運並不能順利發展。因為無論哪個時代，「卓越的策略」唯有和「卓越的領導能力」結合，才能創造出綜效。

目前需要的是企業智庫自己帶槍親上前線，而置身前線的主管則自己變身為策略參謀。這時需要的是，你本身的實戰力，也就是說，你能否在戰場上，把「理論」和「實行」加以結合。你是否能夠成為一個實戰的「策略專家」呢？

第二章

空降部隊

沒有時間

距離小野寺找廣川進新日本醫療，已過半年。

就在秋老虎依然發威的九月，某一天，廣川搬進新日本醫療的董事辦公室。在第一鋼鐵的調任人事命令上，載明他即將擔任新日本醫療的常務董事。

即使轉投資的公司規模再小，如果在一年之前，第一鋼鐵是不可能核准未滿四十歲的廣川擔任關係企業的常務董事。

不過，近來第一鋼鐵內部的氣氛已經急遽改變。

有好幾個新事業很明顯地都是因為領導高層的問題，而發展得不順遂。

有鑑於此，公司內部開始逐漸深切地體認到，往後跨足不同業界時，尋求人才的最好方式，是從員工之中找到主動舉手表達想要一試身手的**自願者中選取**。

當然，促成最後決定的最大關鍵，自是新日本醫療社長小野寺強烈的請求。

在第一鋼鐵看來，新日本醫療的規模雖還弱不禁風，不過，現在的新日本醫療卻在第一鋼鐵的多角化策略中，被定位為重要的醫療相關企業。

因此，許多第一鋼鐵的董監事，都對廣川進這家公司後，會給它帶來什麼樣的變化，寄與關心。

曝曬在午後豔陽下的東京鐵塔，從這棟位於芝大門附近的大樓看來，簡直近得就像在眼前。鋪滿地毯的常務辦公室乳白色的牆壁上，掛著一幅紅玫瑰的油畫。房間雖然稱不上大，但是相較於只有一張小辦公桌的第一鋼鐵，還是讓廣川很有身居要職的感覺。

小野寺一手抱著資料，滿頭大汗地走進廣川的房間。

「怎麼樣啊？廣川常董，新辦公室感覺如何？我也覺得責任重大耶！往後還請多多指教！」

雖然廣川已在其手下，小野寺遣詞用字還是一貫和藹客氣。

小野寺話鋒一轉，遞給廣川一張紙。

「首先，想麻煩廣川常董處理的事呢，就是今天早上收到美國普羅科技的傳真。」

大略過目後，廣川臉上不禁蒙一層陰霾。

「這如果不快點因應的話，恐怕不妙。」

普羅科技的副社長史提爾上次來日本時，也已經表情嚴肅地質疑過新日本醫療的經營態度了。

小野寺一和廣川約好緊急討論今後的因應對策後，就一副「史提爾就拜託你了」的模樣，回自己辦公室去了。

事業的均衡性

廣川一面看傳真，一面說道：

「可是，社長，如果從字面上來看，對方目前視為問題的，倒是只有我們對朱彼特的投入態勢。」

普羅科技的主力商品是臨床檢驗試劑，也就是醫院檢查患者的血液或尿液等時使用的試劑。

朱彼特是普羅科技才推出不久的新產品。

據稱，其乃是可以把歷來用人工方式進行的檢驗予以自動化，具有劃時代功能的醫檢機器。

據他們表示，朱彼特在美國和歐洲銷售量不斷增加。

「雖然從開始銷售以來，已經辛苦努力一年了，但是，朱彼特的營業額還是一直原地踏步。」

除了普羅科技事業部之外，有關公司今後的發展，廣川另外還有其他擔心的事。

一直以來，都維持相當高的公司整體淨利率，近來卻有逐漸下滑之勢。而其原因則相當清楚。

也就是在醫療機器事業部方面，產品價格出現暴跌之故。今年營收大約二十七億日圓，較去年成長百分之三十以上，但是，獲利卻增加不到百分之一。

整體市場呈現競爭日益劇烈的狀態。

所以，也必須加快腳步，強化醫療機器事業部。如果置之不理，整個公司甚至可能陷入無可挽救的困境。

總覺得公司裡的**事業均衡性**，似乎正逐漸瓦解。

「社長，醫療機器事業部如果再這樣下去，再過兩、三年，恐怕就有虧損之虞。」

「沒錯，感覺好像沒有切換到**勝利模式**。偏偏這時候，又出現普羅科技的問題。」

事實上，如果這時和普羅科技斷了關係，公司將會面臨嚴重情況。

工作的優先順序

事實上，經營高層可運用的「時間」有限。

無論公司是大或小，採取「攻勢」的經營時，最寶貴的經營資源之一，往往是**經營高層的時間**。

如果太過繁忙，從公司整體而言，有可能看不見最優先且重要的事情究竟為何。因此，廣川打算趁現在明確訂出自己**工作的優先順序**（priority），事先和社長達成共識。

根據廣川的觀察，他覺得先把重心放在提升普羅科技事業部的業績也不錯。他之所以會有這個想法，是因為普羅科技事業部的毛利率出奇地高，對於短期內提高公司的獲利，具有立竿見影之效。

雖然，普羅科技事業部今年的營業額目標約八億五千萬日圓，營業額不算多，但是，毛利率卻高達百分之七十九。如果光看這個數字，會覺得很是有賺頭，其實並不盡然，因為普羅科技事業部的產品，正是典型的**少量多樣**。

由於其通路費用或庫存負擔大，而且，每種品項也都得分別向厚生省（按：相當於臺灣的衛生福利部）申請銷售許可，申請所需費用大，因此扣除這些相關經費後，淨利只能說差強人意。

但是，如果能反過來妥善運用這些特徵，將會很有趣。

換句話說，如果能在這樣的產品群當中，創出一種熱賣暢銷的商品，哪怕只有一種，由於毛利率高，因此公司整體獲利將會立刻急遽攀升。

「社長，即使醫療機器事業部的營業額再往上增加十億日圓，公司的淨利最多也只能增加五千萬日圓而已。」

「如果考量費用增加問題，大概就是這數字吧？」

「如果把普羅科技事業部檢驗用試劑的營業額，同樣提高十億日圓，即便考量費用增加問題，淨利也還是可以增加五億日圓以上。」

五千萬日圓和五億日圓的落差，純粹來自於**毛利率的差異**。

廣川曾聽商學院的教授說，美國的**創投家**（venture capitalist）在進行高風險的投資時，會非常注意該事業的毛利率。

毛利率低的事業，不管怎麼勤奮耕耘，還是很難獲利。而且，將要出現虧損時，會很容易就虧損累累。

造成毛利低的原因只有一個。那就是，因為相較於成本，該商品在定價上，無法訂出夠高的價格。

至於定價為何無法提高，其實說來單純，因為**顧客認可的價值**就只到那個程度而已。以這類事業而言，必須大幅降低成本，制訂破壞市場的定價策略，才能成為**結構上具有吸引力的事業**。

因此，務必要注意，不可把**極其有限的經營資源**，投注在毛利率低的專案計畫上。

「社長，醫療機器事業部目前已經瀕臨緊要關頭，我覺得如果現在鬆懈，它很可能會成為敗犬事業。」

【圖表2-1】新日本醫療的結算

（單位：百萬日圓）

項目別	去年度	今年度(預估)	成長率
醫療機器事業部			
營業額	2,090	2,738	31%
營業毛利	1,024	1,177	15%
（毛利率）	(49%)	(43%)	
費用	836	987	
營業利益	188	190	1%
（營業利益率）	(9%)	(7%)	
普羅科技事業部			
營業額	764	849	11%
營業毛利	605	671	11%
（毛利率）	(79%)	(79%)	
費用	451	501	
營業利益	154	170	16%
（營業利益率）	(20%)	(20%)	
公司合計			
營業額	2,854	3,587	26%
營業毛利	1,629	1,848	13%
（毛利率）	(57%)	(52%)	
費用	1,287	1,488	
營業利益	342	360	5%
（營業利益率）	(12%)	(10%)	
間接部門費用	198	220	11%
稅前淨利	144	140	-3%
（淨利率）	(5%)	(4%)	

激烈的過度競爭

亮眼的毛利率

但是費用開銷也很大

「沒錯，但是，普羅科技的問題也關係到我們公司今後的發展。廣川常董，我會繼續努力帶領醫療機器事業部，請你先擬定策略，看看該如何解決普羅科技的問題。」

員工的士氣

新日本醫療的員工大約一百二十名，其中一半是分散在各地方城市的業務人員。因此，東京總公司大約有六十名員工。公司不大，不過，大企業的子公司或關係企業，多的是這種規模的公司。廣川覺得自己就像空降部隊，一個人身上掛著降落傘降落在此。

雖然有幾個熟人，不過，突然以常務董事的身分降臨，情況就不一樣。經理、課長級員工對於廣川的注意自不待言，就連女性員工也都對廣川的一舉一動極為好奇，經常有意無意地窺視言行舉止、豎起耳朵聆聽他的動靜。

新日本醫療的特色之一是，員工的平均年齡非常年輕。不論哪個部門，核心員工都是三十歲左右，業務部門也以二十五歲至二十九歲的人數最多。

如果新日本醫療的員工以高齡的員工、也就是所謂「老狐狸」居多的話，也許廣川當時會猶豫要不要來這個公司。

「東鄉君，來一下。」

在小野寺的叫喚下，一個年輕人走了進來。

他也是廣川之前就熟識的人。

東鄉，普羅科技事業部的業務企畫課長，三十三歲。

東鄉笑起來時，充滿親和力。雖有領導力，不過，目前他的領導力都用在拉著年輕員工上夜店的吃喝玩樂方面。

「如你所知，廣川先生來擔任我們的常務董事。我請他先負責普羅科技事業部，你就跟著他學習，好好做！」

東鄉雖然年紀輕輕，廣川和他寒暄時，他卻彎下腰，深深向廣川一鞠躬後，微微一笑。

此時此刻，東鄉還不知道，從這個瞬間開始，他將經歷打從出生以來不曾有過的巨變的一年。

總之，廣川必須加緊腳步，把普羅科技事業部帶上軌道。此外，還得儘快著手，重新檢視醫療機器事業部的策略才行。

匆匆會見相關人等，打過招呼後，廣川立刻埋首於普羅科技的工作上。

一步一腳印，首先，還是必須從**現況分析**開始著手。

廣川覺得比較擔心的是，普羅科技事業部的**員工士氣**，看起來似乎不怎麼高。

在同一個辦公室裡面，醫療機器事業部的員工鎮日置身在宛如流血廝殺的激烈競爭中。

而普羅科技事業部的員工，卻像是置身事外、事不關己、冷眼旁觀的路人。
有時，也會看到二、三名業務員，白天沒有外出拜訪客戶、留在公司內的景象。
他們到底在做什麼呢？
也沒有聽到此起彼落的電話鈴響，感覺上整個辦公室相當安靜。
難道說，這是個連客戶或競爭對手也都這麼悠閒的市場嗎？
如果用這種步調都能創出這麼高的利益，那麼，只要更加把勁，也許業績會出現驚人的成長，廣川如此思忖著。

挖掘公司內部資料

業務企畫課長東鄉的現身說法

「你就跟著廣川先生學習，好好地做！」
社長這麼說的時候，我內心真是五味雜陳。
有一種「他哪位啊他？是要我跟他學什麼？」的感覺。
以前，我就認識廣川先生了。

那時，小野寺社長似乎就很器重他。

但是，我壓根兒也沒想到他會搖身一變成為公司的常務董事，而且還突然變成我的主管。

畢竟，他是個空降部隊，對我們的業務一無所知，不是嗎？因為，直到上星期之前，他都還任職於鋼鐵公司啊！

拜託，開什麼玩笑！

公司上上下下，引起一陣很大騷動。

隔天，廣川常董立刻就把我叫到他的辦公室裡。

「東鄉君，你知道普羅科技給了我們很大的難題吧？我希望接下來的一個月，能夠擬定對策，看看怎麼解決這個問題。」

「是。」

「在這個領域，我是個不折不扣的外行人，所以只能仰仗你，拜託你了。」

他口口聲聲說自己是個外行人，卻又滿懷自信，真不知道他的自信是從哪裡來的。

總而言之，他和小野寺社長完全不同。

廣川常董冷不防地就站到白板前面，拿起紅色白板筆寫下以下文字。

業績 ↓ 市場規模、成長率 ↓ 競爭對手 ↓ 本公司的強項、弱點

然後，就要我依照這個順序，說明普羅科技事業部的現況。

沒頭沒腦地突然就提出這個要求，我既沒有備齊資料，也不了解他想知道的重點是什麼。

正當我結結巴巴時，廣川常董這麼說道：

「那用**工作坊模式（workshop style）**進行好了。」

「那是什麼？」

「你把手邊的資料全部堆到桌上。然後，我們兩人再針對這些資料一一討論，進行整理。」

這耗掉了整整一個禮拜時間，而且每天從早上做到半夜。約好的聚餐，就這樣全都泡了湯。

新官上任三把火，真是來了個渾身帶勁、幹勁十足的人啊！

普羅科技的市場地位

首先，廣川和東鄉試著整理普羅科技事業部最近的業績。

對廣川而言，普羅科技的事業範圍是他以往未曾經驗過的新領域。他甚至不知道「臨床檢驗試劑」這個名詞的意思。不過，經過這二年和新日本醫療的來往，他倒是充分了解到醫療商品並沒有一般想像中難以理解。

廣川相信，不管是醫療相關產品，或像是巧克力、化妝品這類一般消費商品，雖然品項相差很大，不過，至少擬定產品策略時所必須考量的**競爭機制**，基本上都是一樣的。

普羅科技事業部整體營業額較去年成長百分之十一。如果先看壞的部分，則產品群C和D的營業額，下滑得相當嚴重。

據東鄉表示，這些產品群在技術上已經落伍，往後營業額恐怕更為減少。

特別是金額龐大的產品群D，由於其他公司已經成功開發全新的診斷手法，普羅科技檢驗試劑的**技術已經過時**，因此預料其營業額將會急遽下降。

而且，據稱，以普羅科技目前的技術而言，將難以在短期內開發足以與之抗衡的**替代技術**。

換句話說，普羅科技在產品群C、D領域，在全球市場上節節敗退。

相對於這種所謂的「落敗商品」，產品群A、B、E等三個領域，營業額倒是不斷成長。特別是最具潛力的產品群A，較去年成長百分之二十九。此領域被視為是彌補業績江河日下的產品群C、D所需的策略產品。

因此，朱彼特可說是美國普羅科技的技術團隊傾注心血所開發的產品。如果這個商品的

【圖表2-2】普羅科技的產品營業額

（百萬日圓）

項目	去年度	今年度	成長率
產品群A			
a.舊型	268	286	7%
b.朱彼特（含機器）	0	59	∞
	268	345	29%
產品群B	73	80	10%
產品群C	68	62	(9%)
產品群D	185	165	(11%)
產品群E	170	197	16%
	764	849	11%

掌握成功關鍵的策略型商品

敗犬

拜朱彼特之賜
維持成長

銷售量無法成功擴大，整個普羅科技今後將不可能有所成長。

廣川仔細檢視後發現，今年以來，產品群A營業額的成長，的確有很大一部分是因為引進新產品朱彼特所賜。

不過，廣川覺得這件事情有點奇怪。

產品群A有舊型商品和將取而代之的新產品朱彼特等兩種。如果沒有朱彼特，產品群A的成長率將只有百分之七，而普羅科技事業部整體的成長率也將僅止於百分之三。

這簡直就像整個事業部的未來，逐漸全部寄託在朱彼特身上一樣。

整理好普羅科技最近的業績後，廣川和東鄉轉而檢視整體市場的發展動向。

如果想要找到病灶診斷疾病，就必須從各種角度檢查身體的狀態，否則無法做出正確結論。因此，臨床的醫療檢查也有許多種類。

日本國民醫療費中，血液或尿液等一般所謂檢體檢驗的市場，一年估計約一兆多日圓，因此衍生的檢驗試劑的市場約二千億日圓。

「這個業界的大廠商是哪家？」

「常務，在這個業界打拚的都是中小型企業，而且，都是外商。」

「沒有日本上市公司等級的廠商嗎？」

「沒有可稱為這個領域的專業廠商的大企業。三菱化學、第一製藥、協和發酵、帝人、東洋紡，雖然投入的廠商極多，不過，實際不是子公司就是小事業部門。我覺得，市場並沒有大到讓大企業視為專業而全心投入的地步。」

「不會有和他們正面競爭的情況嗎？」

「他們的競爭對手不是我們公司。我們公司的產品每一種都很細，感覺大公司似乎不怎麼著力在此。不過，和國外廠商合作的情況倒是愈來愈多。」

若是這樣，新日本醫療在這個領域將還有充分的機會跨出一大步。

有關今後臨床檢查市場的成長展望，雖然，有二、三個調查機構做市場成長預測，不過，內容參差不齊，看起來不怎麼可信。

不過，廣川和東鄉最後還是做出結論，預測年成長率大概在百分之十左右。

事實上，與其說問題是在整體市場，不如說，問題是在與新日本醫療相關事業領域的成長率。

令人振奮的是，新產品朱彼特的市場成長率非常高，有調查機構預測，往後二年，成長率平均可望達百分之三十四。

「看起來，到目前為止，成長率每年都逐漸上升。」

「是啊。常務，朱彼特現在是我們公司的臺柱。」

「往後成長率也會不斷往上攀升嗎？」

「不，根據以往的經驗，市場一年成長三成以上真的是很罕見。其實，覺得有點恐怖。」

看來其似乎正來到**產品生命週期（product life cycle）成長期的正中心**。

廣川思忖，如果新產品朱彼特搭上這股潮流，普羅科技的營業額當然也會大幅增加。

接下來，廣川和東鄉兩人開始進行競爭對手的分析。

雖然公司內部的市場行銷資訊四散各處，不過，逐一匯集開始進行作業之後，第二天即順利整理好市場占有率的資料。

在營業額不斷成長的產品群A、B、E市場，普羅科技的占有率排名都是第一或第二。以產品群A領域而言，普羅科技雖然在日本市場排名第二，但是卻落後排名第一的歐洲綜合化學公司「德國化學」極多。德國化學在日本市場占有壓倒性的龍頭地位，銷售量為普羅科技的三倍以上。

面對此狀況，普羅科技則力圖以新技術研發的朱彼特，對抗德國化學公司的攻城掠地。德國化學尚未開發出與朱彼特相同的商品。其仍單憑舊型商品，對抗普羅科技。

然而，自推出新產品以來，雖已經過一年，普羅科技目前卻僅交貨七台朱彼特，距離攻破德國化學的銅牆鐵壁，還有一大段距離。

問題在於，普羅科技縱使排名第一或第二，還是沒有一個堪稱具有絕對優勢的領域。這也難怪普羅科技會咬牙切齒、急得跳腳。

【圖表2-3】市場占有率

產品群A

1.德國化學	63%
2.普羅科技	20%
3.中國試藥	6%
三家公司合計	89%

雖是策略商品，卻是弱勢的老二

產品群B

1.普羅科技	34%
2.山田產業	34%
3.九州試藥	10%
4.史塔特	5%
四家公司合計	83%

雖然強，但是並非遙遙領先

產品群E

1.中國試藥	32%
2.普羅科技	31%
3.華盛頓	18%
4.第三化學	6%
四家公司合計	87%

朱彼特的技術優勢

依廣川的觀察，新產品朱彼特有很大的可能，可以成為大舉改善普羅科技事業部市場地位的救世主，然而，目前這個千載難逢的機會卻一直受到忽視。而且，明明手中握有王牌，卻即將從廣川等人面前溜走。

一旦德國化學或日本的競爭廠商推出類似產品銷售，普羅科技事業部一飛沖天的**機會之窗**，將會再度被緊緊關上。

縱使往後再等十年，是否還能再遇到這種千載難逢的良機也無法預知。

廣川請東鄉簡單說明朱彼特。

「人體有所謂抗原抗體反應，而如果利用這種反應，檢查患者的血液，將可知道罹患何種疾病。朱彼特就是測量抗原抗體中，稱為G物質的機器。」

「透過這個G物質什麼的，可以知道什麼？」

「請看這張表。如果檢查值比正常人低很多，就有罹患淋巴性白血病或腎臟病等疾病的可能。如果比正常人高，就可能有風濕、肝硬化等問題。」

「原來如此。那麼，新產品朱彼特有什麼劃時代的特點？」

【圖表2-4】新舊產品比較表

比較項目	舊型產品	新產品朱彼特
檢查所需時間	二至三天	二小時
資料處理	由人工畫圖表進行分析	機器自動處理
檢查的重現性	每次都會或多或少不同	正確出現相同的值
資料的讀取	由人用眼睛讀取	自動化，可大量處理

「朱彼特是把G檢查自動化，可以一次檢查許多患者血液檢體的機器。歷來使用的舊型產品因為不是使用機器，而是在形狀像盤子的塑膠盤上，用人工進行檢查，所以除了耗時費力外，檢查的精確度也有問題。」

東鄉把舊型產品和新產品朱彼特的功能比較表，拿給廣川看。表上寫滿許多艱深難懂的用語，廣川把它整理成為上面的表（詳見【圖表2-4】）以後，像自己這樣的外行人也能一目了然。

經過整理比較後，朱彼特的優點立見分曉。若能在短短二小時內，出現更為正確的資料，那麼，從治療患者的觀點來看，這也可望成為重要的系統。

廣川想起昨天有個業務人員對廣川說了一件有趣的事。也就是說，目前的G物質檢查，對醫生而言，是「只有順便時才會做的附贈檢查」。舊型的產品是，不管再怎麼緊急，送驗後，得過二、三天才會得到結果。雖然這個檢查令人感興趣，但是因為步調太過緩慢，以致不怎麼有送驗的意願。

朱彼特是否能夠打破醫生這種刻板印象呢？

雖然到目前為止，朱彼特的銷售成績慘澹，但是，廣川認為，如果在這個優點之外，又加上經濟效益合算，應該有很多顧客會淘汰舊型產品，改而使用朱彼特才對。

不過，看來並非只有好沒有壞。

「看樣子，好像只要價格划算，大家都會感興趣。」

「問題就出在這裡。也就是說，舊型的試劑因為是用人工處理，所以不需要機器，但是，朱彼特卻需要對機器進行投資。」

「朱彼特的價格大概是多少？」

「功能最陽春的機種要四百五十萬日圓，如果附加自動化功能，需要七百三十萬日圓，如果附加近期內即將推出的高度自動化功能，則要價一千兩百五十萬日圓。有很多案例似乎都是因為懷疑可否投資這麼多錢，而裹足不前。」

對競爭對手的認知

東鄉的現身說法

雖然每天由早做到晚，挺累的，不過，我還真不知道公司裡面**埋藏著這麼多資料**。

每次廣川常董問什麼，都不知道如何回答，這種答不出來的情況實在太多了。

不過，當我們兩個人一起逐步整理資訊之後，往往就會了解常董提問的用意。

廣川常董這麼跟我說：

「只要有心想看，眼前其實就有很多資訊。問題是有沒有人會**賦予這些資訊意義，並且，在公司內部傳達。**」

因為從一直以來深鎖在檔案櫃裡面的文件中，接二連三地出現我想也沒想過的解釋，我覺得對我來說，還滿衝擊的。

而且，他還每天從早到晚，把「競爭對手」一詞掛在嘴上。

到目前為止，我們從不曾這麼深入分析過競爭對手的狀況。

當他直接了當說「這個和這個是敗犬」（落敗商品）時，還真覺得嚇一跳。

那個產品的負責人在公司裡面還挺耀武揚威的，如果那傢伙聽到他這麼說，不知道做何感想。

雖然如此，不過，對於廣川常董往往能夠一針見血、一語道破，覺得真是敗給他了。

「我老覺得這很奇怪。東鄉君，你們業務人員真的有在積極推銷，擴大朱彼特的銷售量嗎？」

「當然啊，大家都很拚命。為什麼這麼問啊？」

「那你知道這幾個月，德國化學的產品群A營業額成長多少嗎？」

「這個嘛，因為沒有新的資料。」

「那依你拜訪客戶的感覺，你覺得呢？」

「因為一定接近整體市場成長率，所以應該和我們一樣，大約百分之二十九吧？」

「他們因為還沒有生產和朱彼特一樣的產品，所以，他們的營業額應該全部都是來自舊型產品吧？」

「那當然。」

「你不覺得奇怪嗎？我們的舊型產品只成長百分之七。」

「可是，如果加上朱彼特，我們也不比他們遜色呀！」

「你不覺得就是這樣才奇怪嗎？」

看我一臉不解的表情，廣川常董就這麼問道：

「為了賣朱彼特，普羅科技的業務人員是不是只去拜訪自己熟識的普羅科技的客戶，進行推銷而已呀？」

「這個嘛……」

「雖然賣出朱彼特，但是，相對地，自己公司的舊型產品也因而賣不出去啦！」

廣川常董說，可能出現了新產品和既有產品切換時，經常發生典型的競食現象。他好像稱之為**自相殘殺**（Cannibalization）。

的確如他所說的，已經交貨的七台，全部都是供應給打從以前就用普羅科技產品的老客戶。

經過我馬上著手調查後發現，這些醫院都在買進朱彼特後，就沒有再訂購過舊型產品。

這也是理所當然的呀！

因為，有了新機器以後，就沒有人會再買又舊又不好操作的產品了。

「這樣的話，根本無法善用這千載難逢的良機。不久之後，德國化學應該也會推出和朱彼特一樣的產品吧！如果不趁這段空窗期，使出渾身解數，向德國化學的客戶推銷朱彼特，就不會產生擴大銷售量的效果。」

中途，全國業務統括課長福島也加入作業。

對於這番討論，他也啞口無言。

「身為後進廠商的我們，在偶然的機會中，擁有了劃時代的新產品。他們一定也會卯勁追趕上來。可以一決勝負的期間很有限，不是嗎？」

「您說的對。」

「這就很像是日本海海戰（按：中文稱對馬海峽海戰。一九〇五年日俄戰爭中的一場海戰，日本大獲全勝）一樣。這恐怕是我們能掌握主導權的千載難逢的機會。總之，目標要放在德國化學的客戶上！」

「是。」

雖然嘴巴這麼說，但是，老實說，我並不怎麼有信心。

因為業務人員總想去拜訪比較容易拜訪的地方。

我覺得如果不好好地擬定具體計畫，恐怕行不通。

除此之外，廣川常董還丟出新思惟。

剛開始進行作業不久的時候，因為常董說這個和那個是敗犬一般的「落敗商品」，那時我總覺得怎麼能下這種定論，於是，心裡就覺得有點不滿，或者應該說是有疑問吧？

於是，昨天我就想說來跟他確認一下。

「東鄉君，你聽過**產品組合管理**嗎？」

「這個嘛，之前好像曾在哪裡聽過……」

「這東西很是單純明快。用在業務策略上很有趣，我們來試試看吧！」

在常董的教導下我才知道，如果自己的事業吃敗仗，該事業的定位就會位於產品組合圖（portfolio chart）上方，並逐漸不斷地往右邊移動。相反地，如果變得茁壯強大，就會往左邊方向移動。於是，我們也試著針對普羅科技的產品群，做了二個組合。一個是目前的產品組合，另一個是五年前的產品組合。

比較二個組合圖後，不禁嚇了一跳。沒想到這五年中，竟然沒有一個往左邊方向移動的產品群，也就是說，沒有一個比競爭對手還要強的產品群。

真是太吃驚了。不過，我們公司確實是沒有一個具絕對優勢的領域。

比方說，我們雖然認為產品群A是普羅科技事業部的**招牌商品**，可是從組合分析來看，就像常務說的，站在德國化學的角度來看，我們公司恐怕稱不上什麼大不了的競爭對手吧？

我一直以為到目前為止，朱彼特能賣出七台，算是不錯的了，沒想到根本不是那麼回事。依廣川常董的解釋，產品群A因為成長率高，所以這個時候如果稍有鬆懈，就會一口氣往輸的方向移動。

這對我而言可真是晴天霹靂。

因為我自以為挺用心在經營的。

狀況大概就是這樣，總之，學到了很多東西。

不過，話說回來，有一點倒是清楚浮現，那就是我們一直以來的做法並不夠，如果繼續這樣下去，市場地位將岌岌可危。

從早到晚聽了這麼多有關「競爭對手」的說明，這些內容不在耳邊繚繞也難。

雖然也不免有種好像被新進的廣川常董給唬得一愣一愣的感覺，哈哈哈！不過，他雖自稱外行人，講的話倒是都切中要害。

我已經慢慢知道廣川常董的做法了，他非常重視理論。「一般不會變成這樣」「理論上，應該會變成這樣」，他會像這樣子檢視各種層面，而一旦發現偏離的部分時，就會從那裡切入，深入探究。

經過這麼來回地討論，確實會發現自己一直以來的思惟方式很奇怪。是到目前為止，我們的程度太低了嗎？哈哈哈……。

很久沒聚餐了，昨天帶部屬們去吃飯小酌，現學現賣地把廣川常董的口頭禪「競爭對手」講給他們聽，沒想到，大夥兒動不動就來上一句「競爭對手」，又耍寶又搞笑地模仿他，熱鬧得不得了。

感覺上，這個名詞應該會在公司裡面流行一陣子吧？看來，他們好像也都對我和常董正在做的事滿關心的。

放眼外部

出乎意料之外，東鄉和福島倒是很快就跟上廣川的步調。

對於廣川是「空降部隊」這件事，因為會產生彼此預期落差或利害關係、個人喜好等情緒，因此，即使初期會有一些紛紛擾擾，也不足為奇。

但是，卻絲毫沒有那種跡象。

原因之一是，他們還年輕、很坦率。

另一個原因是，長久以來，他們的潛意識中，一直在渴望有人領導統御。

除了這些狀況之外，廣川這邊也有自己的看法。

溫吞鬆散的公司共通的特徵是，**員工的精力空轉內耗，槍口卻沒有一致向外**。

明明每個員工都很勤奮認真，但是，組織整體士氣卻很低落，這種公司不在少數。而造成公司變成這樣的原因，必定在公司的各個角落亂舞。

對「客戶」和「競爭對手」的意識薄弱，隨心所欲、**為所欲為**的風氣盛行。

這種公司內部的混亂遊戲，是廣川必須極力避免加入的。如果廣川也受影響，抱持和他們一樣的思惟，如此一來，就失去了空降部隊的意義。無論如何，一定要讓員工的精力一致向外以免內耗。

打從一開始，廣川就想讓員工的眼光聚焦在公司外部的「競爭」，並讓他們獨立思考，自行判斷他們自己工作做得好不好的方法。

縱使對他們而言，得到的結論是壞的，也絕對不會怪罪是公司裡面「誰」的問題。只要促使他們不斷思考「為什麼？為什麼？為什麼？」；接下來，該怎麼做才會讓情況好轉？如此一來，逐漸地每個人就會覺得這些事情也和自己息息相關，不再一副事不關己、冷眼旁觀的模樣。

廣川一直在思索，是否可以透過這種方式，凝聚員工的向心力和即戰力。

【三枝匡的策略筆記】

第三路線症候群

搶攻市占率、鞏固市場地位了嗎？

一說到「別忘記競爭對手的存在」時，大概所有人都會認為「那是理所當然的事情」；然而，事實上，總是一面意識到競爭對手、一面著手工作的人，卻少得驚人。

如果你覺得東鄉或福島的程度很低，那麼，或許你任職於很好的公司；但是，如果環顧職場，其實這種事在這個社會上多得是。也正因如此，所以能做好策略判斷，並且擬定策略採取行動的人，才能帶動業績成長。

所謂「策略判斷」，到底是什麼？以下就從個案中舉例說明。廣川研判，普羅科技事業部的產品群A，目前正處於產品生命週期成長期的巔峰。從策略論的觀點而言，這究竟有什麼意義呢？

當時，德國化學公司已經取得百分之六十三的壓倒市占率。光聽到這個數字，很多人可能就有「大勢已去」的印象。不知道你是怎麼解釋這個情況的呢？是暗忖「來不及了，一切都太晚了」？或是認為「還來得及，勝負才正要開始」？

一旦成為組織的領導者，憑感覺所選擇的觀點不同，接下來的行動也會大不相同。這種細部的判斷，可以說正是「策略思考」的分歧點。就憑你一個命令，往往左右你所指揮的船是變成常勝的軍艦？或變成平凡的漁船？如何研判當前情勢，接下來該用什麼態度對待部屬們？這一切的一切，端看你對策略的直覺（sense）與見識而定。

如果先說策略理論層面的答案，那麼，產品生命週期理論對廣川所提示的見解是「勝負才正要開始」。只要這個市場現在還處於成長期的前半段，競爭關係就不穩定，因此，市占率依然處在變動狀態。

況且，朱彼特還是創新產品，所以，可說是率先奔馳在產品生命週期的新曲線上方。如果一切順利，或許會促使既有產品變成過時商品，有可能「一切歸零，市場重新洗牌」，有機會讓我們重新改寫當前的市場版圖。

加上朱彼特又是進口商品，因此，對於廣川來說，不必針對生產設備或研究開發有所投資，因此，這不會成為往後推展策略時的限制條件，看起來，這也是一項利多。

不過，逆轉市占率所需要的能量，將會隨著時間的流逝而增加。因此，必須加快腳步，想辦法短期決戰才行。由產品生命週期的理論，可以做出這樣的研判。

而對事業的虧損狀況，採什麼樣的態度，取決於經營者對於策略的直覺而定。

即使事業處在虧損狀態，只要它是為了邁向成功之路所需的暫時虧損，這就屬於「良性虧損」，所以沒有問題。但是，如果那是被逼上絕路，像是血崩一樣的「惡性虧損」，那就必須立刻採取止血所需的手段。

當然，即使是「良性虧損」，只要超過該公司當時可承受的虧損極限，就會變成「惡性虧損」。

換句話說，即使僅就「虧損」這樣一個現象，這現象究竟有沒有問題，也牽涉到策略的解釋。事實上，這也事關產品生命週期的理論。

如果身為經營者的你，此時錯誤解讀現象或沉不住氣，最後導出錯誤的策略，就是個不及格的經營者。因此，為了能夠盡量正確判斷，就必須先擁有正確的「策略研判工具」。這個有助於研判的工具，就是策略理論。

失敗，也有模式可循

話說我從芝加哥回到日本，並被調任到百特醫療產品公司的日美合資公司擔任代表董事，五年後則在大塚製藥旗下，投入瀕臨破產邊緣的小型新創公司的組織再造。共計有近十年的時間，我在這二家公司直接負責企業經營的工作。

由於第二家公司原為新創公司，在此契機下，我成功再造該公司後，成為擁有六十億日圓資金的創投基金公司的社長，以培育有望成為明日之星的企業為目的。在這個工作中，我看到許多日本、美國新創公司的興衰榮枯。

經營創投的最大特徵，在於策略的成敗，會在短期內立見分曉。

管理顧問和創投基金的最大差別在於，前者只要工作，就可能得到金錢；後者則是工作後，反而經常失去金錢。正因如此，創投家的工作，可說是真槍實彈的勝敗對決。

美國的創投家，像是蘋果公司（Apple）第二把交椅的人物、半導體廠商英特爾（Intel）的副總經理，負責該公司一半營收的人物等資歷顯赫的實業家，可說多如過江之鯽。

他們這些人非但熟知策略理論，還從邏輯和直覺雙管齊下，以技術水準評估緊追投資標的、經營陣容或員工素質、社長性格或周遭評價，以及其他各式各樣的要素，最後，再做出果斷決定。總之，因為只要做錯選擇，就會以一個投資案數億日圓的單位，損失法人投資人等委託操作的資金，因此，非同小可。

比方說，企業家送來的事業計畫一年有二千件，他們會在審查後，從中挑選大約二十件，進行資金提供。換句話說，百中選一，剩下的一千九百八十件事業計畫則全部丟進垃圾桶。

決定投資時，他們會對照經驗、邏輯和直覺，直到深信不疑該公司一定會一帆風順的程度，才會出資。然而，以美國的平均打擊率而言，實際上能夠順遂發展的件數，只有雀屏中選的二十件當中的一半以下，由此可見新創公司的投資困難度之高（若非如此，將會出現驚人的投資集團）。我認為，這是社會上屬於經營性質的職業中，最需具備整體經驗和判斷力的職業。

如果你問他們進行新投資時，做研判的關鍵因素究竟是什麼？平均來說，他們大概都會做出如下的回覆：

一、首先，第一個關鍵因素是該公司的經營陣容，比方說，社長是一流的人才嗎？各種不同領域的人是否妥當組合？他們過去的表現如何？

二、計畫投入的事業是否屬於成長領域？畢竟，新公司很難在市場沒有成長的領域裡獲得成功。

三、在該市場中是否有獨特性？也就是說，是否能夠勝過競爭對手？

關鍵因素中，第一個提出的是社長的素質，這正是最大的要點。也就是說，經營團隊是否真的是聚集了工作能力強、能夠獨當一面的經營專家這一點，將受到徹底檢視。甚至，也有人說，最重要的關鍵因素除了這點之外別無其他。而其重要的程度，可由詢問不同的人所得到的答案中，居於第一到第四最重要；其他排名在第五之後要素則都是其次得知。

假設你現在只能從內容相似的二個投資標的選項中，選擇一個投資標的。二家公司中，一家的社長評價為A、技術評價為B；另一家的社長評價為B、技術評價為A。如果是你，你會選擇哪一家公司投資？

當然，這是程度上的問題，不過，一般而言，多數風險投資家都說，以社長評價為A的一方進行投資較為明智。

如果社長評價是A的經營者，他能夠了解自己公司的技術是B，因此，他應該會擬定相應的對策或策略。然而，社長評價為B的經營者，會在哪個環節上研判錯誤則無從得知；簡單來說，就是這種邏輯。

這個討論反映出，在類似新創企業經營這種濃縮著事業風險的環境中，經營高層的「策略意識」，才是絕對不可或缺的關鍵成功因素。

同樣的道理，也可以套用在組織再造陷入困境的企業，廣川投入的新日本醫療，也是需要與此相同的人才。

建立競爭地位的假說

如果你和廣川一樣，以經營者的身分空降進入某家公司，你應該也會希望在最短的時間之內，儘快釐清這家公司潛藏有什麼樣的問題吧？

從策略觀點而言，關鍵在於相較於競爭對手，該公司是否勢均力敵、旗鼓相當。縱使公司內部看起來再好，但是，如果在市場上被競爭對手打得節節敗退，那麼，這家公司明天的命運會如何？將不可得知。相反地，即使公司內部看起再怎麼粗糙，只要比競爭企業更像樣，還是暫且略勝一籌即可，因為，競爭是「相對的」。

當你審視經營的狀況，想要判斷這是「相對粗糙」或是「相對像樣」時，會需要某種「基準」。所以，這時你只要建立假說（hypothesis），假設目前公司處於競爭上的哪個地位即可。而當實際一窺公司堂奧時，有時，會發現狀況確如一開始的假說；有時，則會看到不同於假說的現象。只要深入挖掘公司內部，探討造成此偏差的原因為何，存在於該公司的問題將會儘快浮上檯面；這是策略管理顧問常用的手法。

我再詳細解說整個過程。

首先，自己先行建立假說。

接著，掌握實際狀況，檢查實際狀況與假說之間的落差，探究發生落差的原因，了解自己的認知，究竟哪裡錯了。

知道落差發生的原因之後，就著手修正假說。接著，再進一步審視實際狀況，驗證該假說，探討下一個問題點，就是這樣周而復始循環的手法。一旦習慣了，這個手法是在鎖定問題點之際，效率最好的方法。

產品生命週期

那麼，應該用什麼方式建立競爭地位的假說呢？在此，我重點不放在精緻的策略分析，而主要將說明概括掌握意象（image）的方法。

為了掌握這樣的意象，我總是試著在腦海中描繪兩個圖表（chart）。

第一個圖表（圖表2-5）是產品生命週期。一直以來已經對策略論多所研讀的人，或許會覺得「現在還說這個」。然而，誠如我在前面一再說明，絕對不可小看這個理論。

這是因為今日的經營策略論大多蘊含有產品生命週期的想法，或往往暗地裡即以之為前提之故。而其之所以重要，乃是因為事業或產品隨著邁入不同的產品生命週期的階段，市場的競爭形態也會隨之變化，而打贏競爭對手的關鍵也會隨之轉變之故。

如果市場處於引進期或成長期初期，將很容易自外部加入。對我方很容易，對競爭對手也很容易。這個時期的關鍵在於，以產品內容建立優勢。在產品尚未建構起信賴感的階段，縱使強調價格的差異，效果也極為有限。

當邁入成長期，每家公司都開始能夠推出相似的產品時，決定勝負的要素就會轉移到諸如業務體制或售後服務網等，也就是所謂在「面」的布局上的累積。

接著，前方將會有價格戰等著。縱使力圖透過提供服務等方式以免於價格競爭，在這個階段也會有其極限。削價競爭乃是縮減成本的競爭。為了縮減成本，將需要增加銷售量。競爭就這樣子逐漸轉移到更進一步的「面」的布局或量的擴大的競爭。而這同時也是資金量的戰爭。

生命週期的最後階段將由「複合優勢」所支配。在這個階段，競爭上的地位（市場占有率）幾乎都固定。打出新優勢的餘裕很少，彼此都已經沒有可乘虛而入的切口縫隙。實際的狀況是「雖然不清楚要素究竟是什麼，但總之就是維持著一段距離」。反過來說，這就是龍頭企業的「勝利模式」。

即使買來厚厚的經營策略書籍，全心投入，力圖理解複雜的策略模式，在經過一番纏鬥後，在實際的工作上也派不上用場。我建議有這種經驗的人，也可以再次回到基本，僅就產品生命週期的理論加以「徹頭徹尾、完完全全」洞悉理解。因為這個理論將可全面應用在你工作上的判斷。

成為問題的事業，目前究竟位於曲線的哪個階段上？試著在腦海中加以定位看看。不可以去想該公司的營收。而是要想整個市場。究竟是誕生期？成長期？或是已經成熟了？

「這個公司的核心事業大概處於成長期，而且也許還是前半。若是這樣，那麼接下來

【圖表2-5】產品生命週期的典型競爭模式

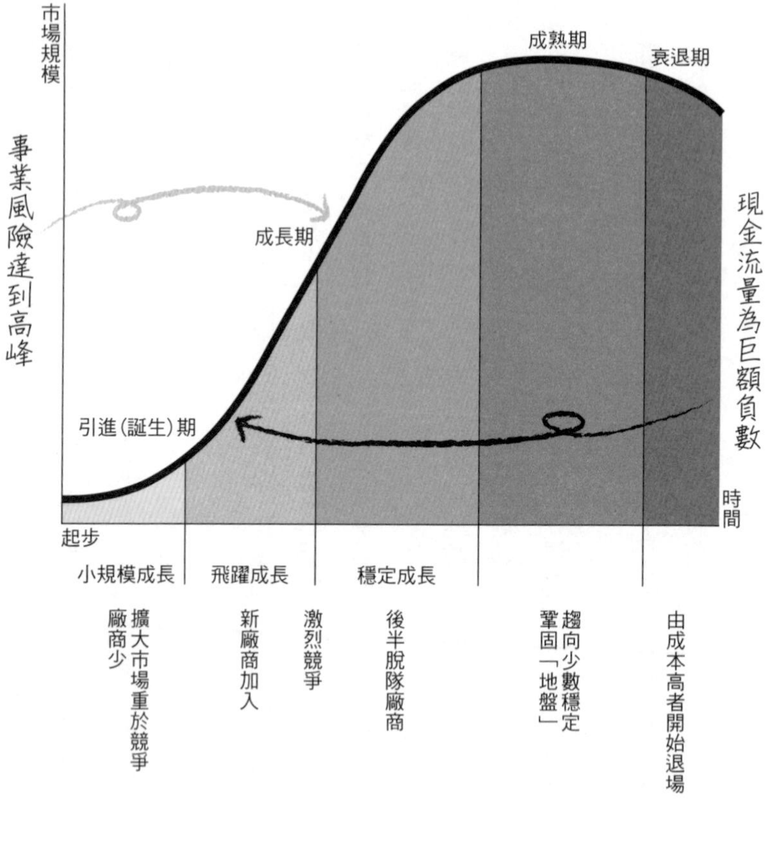

可能還會有新的競爭對手加入，情勢將會愈來愈嚴峻」，就像這樣想像。當然，為了獲得這個意象，對該市場的動向自是需要有某種程度的基礎知識。

事業的成長路線

接下來，腦海中的畫面，換上新的圖表【圖表2-7】。這圖表看起來宛如產品組合管理的翻版。由圖表的右上方伸出三條粗線，寫著「第一路線」「第二路線」「第三路線」。

產品生命週期的誕生期A的位置，在這個圖表上，即相當於右上方的A。換句話說，所有的新事業都是由這裡起步。

凌駕對手，百戰百勝的公司，依循第一路線、第二路線到第三路線發展。

這是一條「輝煌」的路徑。由A往B邁進，不久，當該事業的成長率攀越巔峰，開始走下坡時，第一路線的箭頭將會朝C發展。這是邁向人稱「卓越企業」（Excellent Company）的道路。

第二路線為「混戰／不穩定」。循此路線發展的企業，總是在其他公司後面苦苦追趕，方針也搖擺不定。雖然如此，但是，只要能努力沿著第二路線邁進，將來等到市場進入成熟期時，將可落腳在業界排名第三到第五之間。但是，如果是那種在抵達成熟期之

【圖表2-6】市場的生命週期

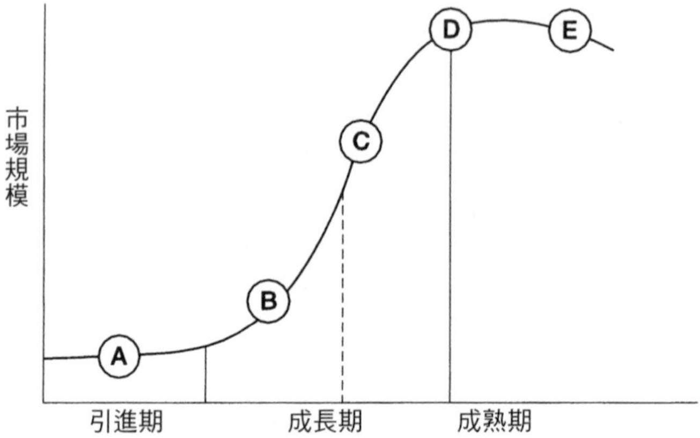

【圖表2-7】事業成長路線圖

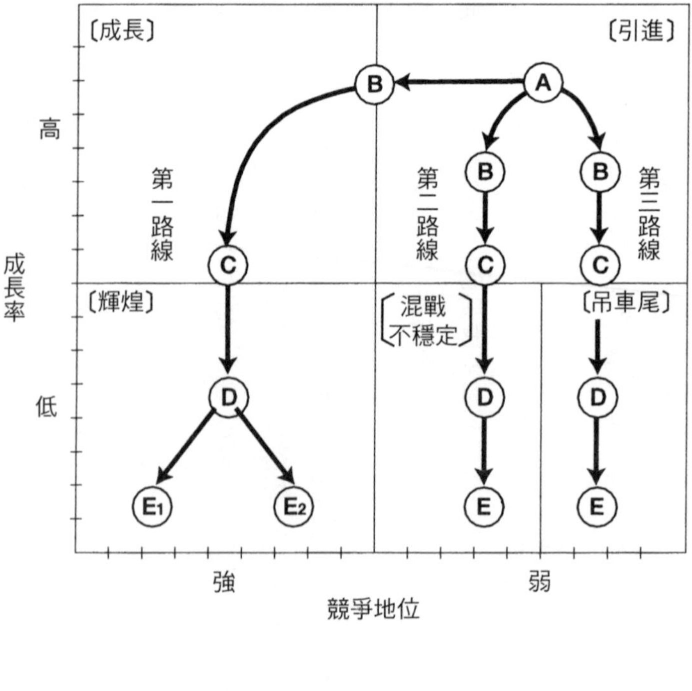

前，競爭淘汰激烈，能夠殘存的企業只有三家左右的業界，可能被屏除在第二路線之外，墜落到第三路線。

第三路線則是條毫不出色的「吊車尾」路徑。不管從哪個角度看，這家公司旗下經營的都是敗犬事業，恐怕在抵達最後的成熟階段之前，就會被淘汰出局了。如果把這家公司的營業額圖表，疊到第一個生命週期的圖表上，將會發現，即使業界邁入成長期，這家公司的曲線也不大往上揚，會沿著水平軸，往橫的方向延伸。

小野寺社長以往面臨退出窘境的個人電腦事業，在由A邁向B時，很明顯地上了第一路線的軌道。但是，中途卻開始偏離，並在B階段時，掉到第二路線的方向，到了C時，又更往右偏移，踏入了第三路線。在圖表上，看起來就像是行進路徑不規則的颱風一般。

由第二路線到第三路線之間的某處，有一條與「生存所需最低限度的成長率」相對應的生存線（survival line）。如果往右超出這條線，將面臨退場或破產的命運。

你所投入經營的公司，目前究竟是循著哪條路線在往前行進呢？你可以試著把其事業的營業額成長率、競爭對手的狀況等資訊加以組合，建立「假說」看看。

再投資週期與企業活化

所謂「卓越企業」係指，來到【圖表2-7】市場的生命週期中第一路線D、E的企業，同時，頻繁對下一個新事業（返回右上的位置A）進行再投資，而且發展順遂的企業（在圖上，以E1表示這種企業）。即便是順利循第一路線沿途發展而來的企業，以E2的企業群而言，通常是再投資做得不夠，或是進行得不順遂。這些企業在組織的活化上潛藏著問題。雖然一般視之為優良大企業，但是在策略層面上，實難稱為卓越企業。

成長策略的要點是「鎖定」與「集中」。誠如廣川所說的，再小的市場區隔都沒關係，重要的是，瞄準第一路線，成為該業界的第一名。

而當這個進展到某個程度後，就必須建立起朝A階段進行再投資的週期。人稱新創企業難以孕育出第二個暢銷商品的現象，通常是因為在經營上，妥善運轉這個再投資週期是個極大的難題之故。所謂「名經營者」，指的是這個部分做得很好的人，而所謂「卓越企業」，則是在組織裡建構如同自行複製一般、能夠活潑運轉這個週期的企業。

若要有效運轉再投資週期，「鎖定」和「集中」也是不可或缺的關鍵因素。如果社長喜好新事物，開發方針不定，不斷有新想法，導致老是在A附近打轉，則成為資金來源的既有業務將逐漸耗竭，與此同時地，公司整體也會隨之耗竭。

出現虧損時，如果事業是循著第一路線前進者，則多半是「良性赤字」。只不過因經營者的風格不同，也有「做過頭而失控爆掉」的可能，因此，如果社長是獨裁專制、好大喜功型，這就會成為隱憂。

如果是第二路線而出現虧損時，在初期階段，良性赤字的可能性極高，但是從過了C階段附近以後，必定會轉為惡性赤字。

第三路線的虧損，則是打從初期階段開始就是惡性赤字。那麼，是否有機會祭出起死回生的策略，走到第一路線或第二路線？如果社長沒有這樣的自信，基本策略就是唯有退場一途。因為即使勉強持續下去，也不可能轉敗為勝。

惡性赤字不見改善，而且資金上已經沒有餘裕，很明顯地面臨無以為繼的處境時，基本態度是「忘掉所有以往的牽絆罣礙，不管名聲、不顧面子、火速退場」。換句話說，以縮減事業規模追求收支均衡的方式，儘早處理善後。如果拖拖拉拉、置之不理，恐怕成為致命傷。

找到第三路線症候群的病灶

每當我去拜訪公司時，我總會根據這二個想像意象的組合，事先在腦海中建立「假說」。

而實際到該公司一看，有時在「假說」中，應該是走在邁向卓越企業的第一路線上，但是，實際上看到的卻是第三路線的敗犬現象。只要深入探究何以會變成這樣，就可以逐漸看到應該改善之處。

相反地，有時相對於走在第三路線上「假說」，實際上卻遇到該公司擁有能力傑出、幹勁十足的研發經理。這時候，就要思考，只要再幫他們補足些什麼，他們的事業就可以轉換到第一路線或第二路線上，這將有助於規畫策略行動。

第一路線企業和第三路線的企業，究竟有什麼典型的差異呢？

表面上的差異，各位讀者也都知之甚詳。以第三路線企業而言，一踏進辦公室入口，就覺得公司裡面溼氣很重、快要發霉一般，很少有人發出聲音大笑或開些大膽玩笑，顯得陰沉沉、靜悄悄，這或許也是因為辦公室裡很少聽到電話響起的緣故。

以前，日本某著名創投基金公司的社長曾提出「只要去新創企業的廁所看一看，就會知道該公司的經營態度」等論調，而這並不全然是在說笑。因為第三路線企業員工的應對進退的禮儀、待人接物的態度，或是公司內部對於清潔打掃的要求，大多數確實比較粗糙之故。

以第一路線企業而言，競爭對手的動向常成為話題，而且，大家總是戰戰兢兢，擔心自己不知道哪天會落在對手之後。而第三路線企業則是公司內部的不平、不滿總是矛頭對內，能量內耗得很嚴重。換句話說，員工的腦海裡面幾乎沒有客戶或競爭對手（第三路線企業的員工出去拜訪用戶的頻率極低），有的只是對公司內部的人的不滿，造成抑鬱苦悶。

雖然外部的人很難看出，不過，很多時候，第三路線企業都是處在對公司不滿的異議份子已經辭職之後的狀態。所以，到了這時候，不會有員工大量離職的情形，這些留下來的員工每天到公司上班，主管要他做什麼他就做什麼，一個口令一個動作。如果觀察出席會議等場合中員工的眼神（雖然大多個性溫和老實、討人喜歡），就會發現雙眼無神、缺乏幹勁。

如你有緣深入該公司內部，將會看到更多現象。根據我的經驗，有一點可說毫無例外，那就是，第三路線企業的個別產品成本計算系統都非常粗糙、無法信賴。如果連產品的成本計算都馬虎隨便，價格制定也會籠統含糊，根本無法了解各產品賺錢與否。這是第三路線企業的經營者誤判策略的重大原因之一。

第三路線企業的月報表結算完成的時間點（timing）很慢，即使是小企業，也和大企業一樣遲緩（相對地，大企業中，業績不錯的公司，內部的月報表都能很快提出）。

第一路線企業開會時總是意見開誠布公、直言不諱，第三路線企業則是各懷鬼胎、拖拖拉拉，做不了決定，要不然就是獨裁型經營者口沫橫飛、滔滔不絕發表演講。

第一路線企業不管決定什麼，參與的人數都不多，決策迅速。第三路線企業則是一件事要四處報告，有時甚至會發現連毫不相干的「路人甲」也得露臉參加。

第一路線企業因為感覺上比較像是且戰且走、邊做邊修正，所以雖然決策下得快，但朝令夕改的情況也多。可是，是否因為這樣，所以員工早已習以為常而不會生氣？事實並不然，員工還是會不高興地抱怨：明明都已經進入執行階段才更改。但是，主管們卻毫不以為意，也不會學乖，還是不斷朝令夕改。其實，這是一個組織朝氣蓬勃的表徵。

朝令夕改可說是一種伸縮起伏或激烈的展現。以第三路線企業而言，即使經營者朝令夕改，屬下也多半會默默遵從（這也許是因為員工不會急著採取行動，所以多半來得及因應指令突然變更）。而就公司部門間的爭吵而言，第一路線企業吵起來時雖然激烈，卻是就事論事、有話直說，吵完就結束、絕不秋後算帳。

如果進一步觀察策略層次的差異，將會發現更大的問題。以我的經驗而言，最重要的差異莫過於，第一路線企業對「設定期限」很明確；而第三路線企業的「時間軸」則設定模糊。這是因為第三路線的企業對於競爭的認知太過天真，這將進一步招致「鎖定」與「集中」的鬆散草率。

第三路線企業的經營者領導能力非常薄弱，以致常錯失「鎖定」與「集中」的決策良機。

自以為是的獨裁型社長固然常見，然而，第一路線企業的獨裁型社長擅長建構組織。相對地，第三路線企業的獨裁者則縱使決策做得快，也因為多半是想到什麼就做什麼，而不是出於集思廣益，以致「鎖定」與「集中」的決策，總是偏離重點。再加上沒人提出建言規勸，導致不斷重複同一種錯誤的模式。

在計畫擬定（planning）方面，第一路線企業為行動導向，感覺像是摸著石頭過河，一邊動作、一邊把計畫逐漸底定，而第三路線企業則是一動也不動地努力思考，明明無法清楚掌握狀況，卻像寫作文一樣，試著擬定計畫，或是沒經過充分評估就決定大型投資，等跑到最後才發現不對。

雖然有數量上的差異，但是不管是第一路線企業或第三路線企業，都會有來自外部的資訊。第一路線企業會有人解讀原始資訊並且賦予意義之後，再把資訊分享給公司內部同事；然而，第三路線企業則是把資訊原封不動地埋沒在公司裡面。那種感覺就像是，待琢的璞玉被塵封在員工或經營幹部的檔案櫃裡面，永遠無法重見天日。

【圖表2-8】第三路線症候群

項目	第一路線企業	第三路線企業
公司內部氣氛		
員工的說話方式	活潑、大聲、笑	安靜、沉默
辦公室的氣氛	熱熱鬧鬧、人聲鼎沸	溼氣很重快發霉般的靜默
打進來的電話	多	少
員工的禮儀、教養	佳	差
公司內部、廁所的清掃	乾淨	骯髒
公司內部的爭吵	有話直說、吵完就罷	紛紛擾擾、沒完沒了
朝令夕改	多，每逢此狀況就有怨言	少，縱使有也不會抱怨
加班時的工作法	有幹勁	拖拖拉拉
優秀員工的疲累法	激烈的疲倦	不耐的疲倦
普通員工的感覺	要求嚴格，時而感到疲倦	溫吞吞地很輕鬆
組織的特徵		
經營者的領導能力	強	非弱即獨裁
中階主管的領導能力	強	弱
中階主管的提案	多	少
危機感、迫切感	有	無
開會方式	經常開會、高效率	拖拖拉拉
決策速度	快	磨磨蹭蹭
參與決策的人數	少	多
業績、成果的追求	嚴格	不嚴格
對成功者的待遇	極盡嘉獎之能事	會嘉獎但低調
對進行挑戰卻失敗者的態度	不怎麼嚴苛	嚴苛
對不努力者的態度	嚴苛	不怎麼嚴苛
磋商、內部協商	與行動同時或事後進行	事前花時間進行
對外交涉時員工的態度	說話口氣儼然像社長	帶回去向主管請示
系統、管理		
個別成本計算系統	完備嚴謹	沒有，或馬虎鬆散
月份計算的速度	隔月開始	隔月下旬
預算管理	明確	鬆散
業績預測	準確	總是下修
公司內部電腦普及狀況	快	慢
策略意識		
「鎖定」與「集中」	明確	模糊（沒有做決定的人）
對競爭對手的認知	明確	模糊
對客戶的親和感	有	無（不去拜訪客戶）
時間軸的認知	有	拖拖拉拉
外部資訊的取得運用	網路型	零星零散型
國際視野	全球型	國內型或區域型
計畫擬定的風格	且戰且走、邊做邊修正	事前做到完美或完全沒有

在第三路線企業裡面，偶爾會看到那種資訊蒐集狂，卻自行囤積隱藏、佯裝不知的奇怪主力階層員工。不過，這也不能怪罪他們。

變動，才能刺激組織成長

這些都是我從實際體驗所得的觀察事項。

當你以「策略專家」之姿，實際進入某公司或事業部門時，觀察這些徵兆，你會在策略上如何定位，並逐步鏈結到何種對策呢？

以廣川的情況而言，進公司前，他對新日本醫療抱持的想像似乎是：一個從第二路線搖搖晃晃地往第三路線中間左右下降的公司。

但是，等他進公司開始觀察後，他覺得似乎看到往第一路線方向靠近的素材若隱若現。

比方說，從事業的生命週期（life cycle）、階段（stage）來看，決戰才剛要開始，現在還不是輕易放棄的時候，畢竟，還有像朱彼特這種可以拿來一決勝負的商品。雖然開會的方式或公司內部的氣氛等，顯露出許多第三路線症候群的症狀，但是，只要以朱彼特周邊為軸心，一一加以改善，或許還有挽救的餘地，廣川似乎對新日本醫療有了比較樂觀的印象。

在此，我想明確指出的是，一一列舉第三路線症候群的表面現象，並奮發圖強亟欲加以糾正的方式，只是治標不治本的做法罷了。不管怎麼挑剔指責員工的行為，單憑這些將無法獲得太大改善。雖然聽起來會覺得我好像在潑冷水，不過，這種說教式的切入方式和實戰的「策略專家」最為格格不入。

成長企業的組織總是處在不平衡的狀態。也許是研究開發，也許是生產技術，公司裡面總有某些最為優異「突出」的部分，而其他部門則以為其所帶動的形式，舉步維艱地慢慢跟上來。

扮演這種火車頭角色的部門將會與時更迭，公司裡總是會有某個部門成為明星，或成為問題部門。而經營者的任務即在於，如何恰到好處地創造公司內部的不平衡，以讓這種活化狀態得以持續不衰。

雖然一般常以為業績不佳的公司內部處於不穩定狀態，但是，大多數的情況反倒相反。第三路線企業的內部會奇妙地穩定在一個低層次。縱使存有不穩定性，那也是「倒退的不穩定性」，也許更進一步有人離職，或是公司內部發生紛爭等事態。一旦結束後，將會變得更沉靜。

當坐上這種公司的經營者的位置時，不管怎麼說教，或以無比耐心，投入再多時間進行內部「協調」和「溝通」，也不會出現任何改變。

如果真心想要改善公司，必須以有策略的方式瓦解這種奇怪的平衡狀態。不管呈現在表象上的現象是好或是壞，都必須接二連三（不過，一方面要盤算組織一次可以消化多少變化）地打出足以撼動公司內部的積極手段。換句話說，在這種情況時，經營者的任務也是進行組織的不平衡化。

如前所述的，若要讓公司茁壯強大，組織保持「適度的不穩定」是必要的。但是，若要讓這種不穩定發揮最大的效果，就必須同步或先行對公司內部言明策略目標。當大家開始團結一致，努力朝該目標邁進時，組織裡面就會產生「晃動」，而這將更進一步成為包容巨大的不平衡的基礎。因此，問題在於如何設定眼前的策略目標，能否集結眾人朝向組織的方向一同前進。

讓我們繼續跟隨廣川洋一的故事，看看他接下來會怎麼做。

第三章

破釜沉舟、勇往直前

揪出滯銷的禍首

經過討論，廣川洋一已經了解到朱彼特（Jupiter）是一項極有賣點的產品。

「聽起來滿好的啊！朱彼特的功能如果這麼好，為什麼賣不出去呢？」

廣川接下來的工作，就是揪出業績不振的罪魁禍首，**突破行銷策略的瓶頸**。

聽到廣川這樣一問，普羅科技事業部的業務企畫課長，三十三歲的東鄉，首先把問題推給價格。

「上次我也跟你報告過，舊型試劑因為是人工檢驗的關係，所以不需要藉由機器檢驗。然而，新型試劑不但需要搭配朱彼特使用，光是最便宜的朱彼特一台就要四百五十萬日圓，最貴的甚至高達一千兩百五十萬日圓。業務都說，只要介紹到這裡，客戶就聽不下去了。」

然而，廣川自己訪談客戶後，所得到資訊卻是機器自動化的臨床檢驗已經是一種趨勢。只是大家都沒想到會有自動檢驗G物質的機器，而且，還需要這種價格。

因此，就連競爭對手德國化學公司也尚未推出類似產品。

根據各地業務主管回報給東鄉或福島的資訊顯示，所有與臨床檢驗業務相關的人員對於朱彼特都很感興趣，但是，一談到價格，不約而同地表示太貴了。

就醫院的觀點來說，朱彼特是否真的不符合經濟效益呢？

首先，廣川注意到的是定價的問題。

廣川認為，在分析事業策略的問題點時，大刀闊斧地全面切入根本無濟於事，應該從某一個**覺得奇怪的小問題開始**，不斷地追根究柢、找到真正的答案，這樣才是最有效的方法。

這個小問題如果從價格開始著手，是最好不過的。因為，定價會忠實呈現賣方、買方與競爭對手三方各自的盤算。

「當客戶買了朱彼特，以後還會繼續下單嗎？」

「會啊！客人買了機器之後，還要另外訂購檢驗試劑。就像買了影印機之後，也需要訂購影印紙這樣的耗材一樣。」

「這樣的話，表示買朱彼特的客戶，一定會買新型試劑，而不是舊型試劑囉？」

「對，是這個意思沒錯。」

根據他們的說法，普羅科技在推出朱彼特時，就將新型試劑的定價比舊型試劑低很多，舊型試劑一份五百日圓，但是，新型試劑的價格便宜一半，只賣二百五十日圓。

「舊型試劑的生產製程因為較為複雜，所以成本較高。而搭配朱彼特的新型試劑，改成瓶裝充填的液狀，可一次作業大量生產，所以成本低很多。」

「嗯，何況檢驗試劑的毛利本來就不低。」

「是的。以兩百五十日圓的售價來說，在普羅科技所有產品中，檢驗試劑的毛利算是相當不錯的。所以說，我們在定價上還有調整的空間。」

東鄉這種說法，好像暗示「還可以繼續降價喔！」。雖然，目前的定價能幫公司賺到不少利潤，但是，就**賣方的邏輯**而言，定價策略真的合理嗎？如果站在**買方的邏輯**，又該如何定價呢？

廣川覺得東鄉這種「還可以繼續降價」的論調，實在很不可思議。

如果朱彼特這樣的檢驗機器如此優良的話，試劑即使維持原來的價格，也不至於讓機器賣不動。更何況，現在的價格只有舊型試劑的一半，朱彼特應該更搶手才對啊！

事實上，新型試劑的定價這麼低了都還滯銷，可見得「定價」並不是朱彼特滯銷的真正原因。

反倒是廣川隱隱覺得，在這種時候如果還想以降價取勝的話，將會讓情況更糟。也就是說，即使價格降得再低都無法逆轉頹勢，降價也只會造成更大的虧損而已。

定價策略的邏輯思考

不論是檢驗機器或試劑，一年前推出朱彼特時，公司到底是根據什麼理由定價的呢？

廣川曾就針對這個問題詢問周遭的人，但是，都得不到明確的答案。看起來當時並沒有針對機器或試劑考慮周延，只是將進價加上一定的毛利就成為現在的定價。

廣川不禁搖頭：「這家公司真的很不懂得怎麼運用邏輯思考，仔細判斷售價究竟合不合理。」

那麼，客戶決定買不買朱彼特的邏輯，究竟是什麼呢？

醫院每進行一次G物質檢驗業務，就可以從政府的健保基金中領取八百日圓的檢驗費補助，這個金額並不因為試劑的新舊而有不同。

醫院靠賺取這個費用與試劑的價差，來支付員工的薪資、分攤建築物、設備、檢驗器材等各項費用支出。

「依此看來，醫院如果使用朱彼特搭配新型試劑的話，每做一次檢驗，他們所賺到的價差，反而將近舊型試劑的一倍。」

「沒錯！就是這樣！如果選擇舊型試劑，醫院賺三百日圓，可是使用朱彼特，就能賺五百五十日圓。」

「即使檢驗機器的初期投資較高，但是，只要之後的營運成本愈便宜，就愈容易回本，只是回本的快慢而已。」

不論機器價格多麼昂貴，如果一年能夠回本的話，之後賺的就都是醫院的利潤，這樣的話應該很有賣點才對。

相反地，如果過了十年都還無法回本的話，就乏人問津了。

「如果我們能夠知道客戶每個月Ｇ物質的檢驗次數的話，應該很快就可以算出回本率。你把相關資料整理一下吧！」

被廣川這麼一交代，東鄉一臉茫然，因為，他手邊根本沒有這樣的資料。

「沒有資料？那這個兩百五十日圓的售價當初是怎麼訂的？你要知道，所謂定價，取決於客戶得到多少好處，而不是賣方的成本。」

「是，你說的對。」

即使成本只需要一元，如果對買方有利，把價格拉抬到一萬元也賣得出去。如果成本一萬元，但是，如果買來無用的話，即使定價一元，就連一個也賣不出去。所謂定價策略，說穿了，其實就是一種解讀客戶心理邏輯的遊戲。

被廣川說了一頓以後，東鄉指示業務們蒐集市場資訊，同時自己也親自出馬，十天以後，總算交出廣川要的資料。

這份資料，是針對日本全國的醫療院所進行抽樣調查，整理出各家經手的Ｇ物質檢驗次數。

看到東鄉**蒐集情報的速度**，廣川至少放下心中一塊大石頭。

有些企業即使規模龐大，但是，內部組織的運作卻拖拖拉拉。東鄉的報告看起來雖然簡單，但是，如果交辦其他人，可能需要更多時間，甚至，永遠交不出來。

即使是大型事業單位的策略專案，最後能夠**在非黑也非白的灰色地帶中，為決策指引出一條道路的關鍵，往往大多都是二、三個特殊的數據**。

話說回來，如果委託調查公司進行電訪，而自己只是坐在辦公室等電訪結果，或者甚至應用日本管理協會（Japan Management Association，日文漢字為「日本能率協會」）的市場資料庫，絕對無法拿到這樣獨特的資料，做為研擬策略時的判斷參考。

換句話說，如果類似的數據垂手可得，表示其他競爭對手也人手一份。

反觀日本，有些業界卻不重視資料的正確與否，幾乎以病態的方式追求「別人有，我也一定要有」的心理，反而因為跟競爭對手使用同樣的資料，進而肯定資料可信度並且放心參考。這種一窩蜂盲從的現象，對於那些真正在做策略經營的企業來說反而有利。

東鄉所提出的資料，已經足夠為廣川釋疑。

根據資料顯示，擁有三百張病床規模的醫院，每個月至少要經手九百次左右的G物質檢驗業務。

「東鄉君，如果這些醫院每個月的檢驗次數這麼多的話，願意使用朱彼特的客人，只要一年半或兩年就可以回本了啊！看起來，這台機器賣不出去的理由應該跟定價沒有關係。」

「那麼，問題出在哪裡呢？」

「你覺得呢？」

「我覺得，應該是我們介紹得不夠清楚吧？」

「對！客戶根本不知道為什麼要買朱彼特。但是，目前這個階段，還不能斷定是不是單單因為這個原因，所以造成滯銷。」

接著，廣川不禁說：

「理論上來說，新型檢驗試劑的定價應該還可以再高一點。」

東鄉覺得廣川是隨口說說的，因此沒有放在心上。他想，這樣都賣得很辛苦了，何況是提高價格？

想不到，廣川是認真的：

「德國化學公司舊型試劑賣五百日圓，而我們賣兩百五十日圓。這種價格，**客戶根本看不出到底是貴還是便宜**。」

廣川雖然沒有說出口，但心裡卻是這麼想：「對自己的商品沒有信心，才會有這種偏低的定價。」

公司雖然覺得自己的產品功能很好，但是，卻訂出這種偏低的價格，在經營理念的角度來看，簡直是一開始就將這個機器直接打入滯銷產品的冷宮，未戰先敗。

【圖表3-1】病床數與G物質之檢驗次數（每月）

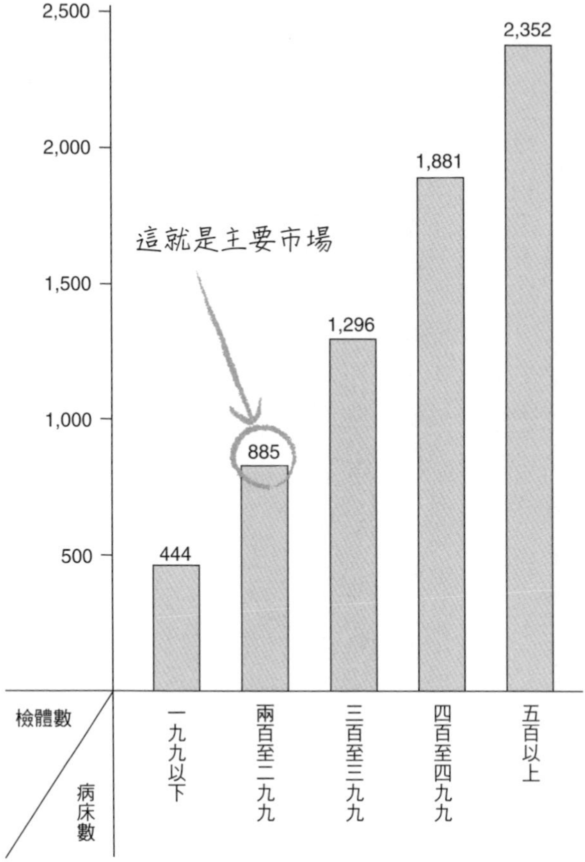

廣川甚至認為，這也是造成企業內部缺乏幹勁的原因。

與客戶面對面接觸

十月中旬以後，廣川開始深入日本各地，展開拜訪國內客戶的行腳。

這時，他到新日本醫療任職，才剛滿一個月。

廣川以前從來沒有因為工作的緣故而去醫院拜訪，這次的拜訪行程由統籌國內業務的福島課長，通知日本各地的業務進行安排。

此次的行程由福島或東鄉陪同，經由業務的介紹拜訪客戶並聽取意見。

日本國內的醫療院所約有九千家，且以小型醫院居多，病床數大多在二百張以下。

一般人如果覺得自己的病情不輕的話，大概都會去大醫院檢查，因此，愈大的醫療院所進行的臨床檢驗數量與種類也就愈多。

對於普羅科技事業部的業務來說，即使日本國內的大醫院不多，但卻非常重要。

以東名大學附屬醫院為例，含門診在內，每天約有二千到三千名的病患，去年每位病患的檢驗項目平均約有四點七項；因此，檢驗部門每天需受理一萬至一萬五千件的檢驗業務。

光是日常的檢驗項目便有二百至三百項，再加上其他特殊疾病所需的檢驗業務，或是委託其他專門機構進行的特殊檢驗的話，臨床檢驗的項目則高達五百項以上。

檢驗部主管多由與醫檢相關的專門醫師負責，之下另設主任技師、技師、助手等各種不同職稱的檢驗人員。

東名大學附屬醫院約有一千一百名員工，其中，一百人隸屬臨床檢驗部。

業務員朝井的現身說法

我在福岡營業所上班，負責普羅科技的產品銷售。

我進入這家公司已經十年了。

上個星期，東京總公司通知我們，新來的常務董事廣川先生要來福岡拜訪客戶，所以，我安排了三家拜訪行程。

廣川常董今天跟東鄉課長一起來，我們拜訪了三家醫院檢驗部的經理。

今天的拜訪行程中，只有古賀醫院有買朱彼特。

事實上，九州地區也只賣出一台朱彼特而已。

在產品方面，我們這個事業部的業務，一般都是去跟臨床檢驗部推銷，而收款等跟事務相關的事項，就跟總務課或醫事課等事務部門接洽。

一般來說，臨床檢驗部門的採購由部門主管決定。

但是，朱彼特因為價格昂貴的關係，不是部門主管可以決定的，大多由院長裁決。有些醫院是由醫師或檢驗部主管組成委員會，再以多數表決的方式，決定藥品或醫療機器的採購事宜。

但是，不管是用什麼方法，我們公司的產品至少都需要醫療院所二位以上的關鍵人物，決定要不要下單購買。

所以，如何在最短時間內找出關鍵人物，並且想辦法接觸拜訪，就要看我們業務的能力。

比方說，西山醫院雖然由檢驗部的山形經理負責，但是，因為川野主任是資深技師，所以，發言也有一定的分量，上面也會尊重他的意見。

再比方說，東道醫院的事務長是院長的女婿，常常對檢驗領域表示意見，他算是關鍵人物。

比較起來，公立的古賀醫院則是看診的醫師比較強勢，所以，這次他們之所以買朱彼特，也是內科跟外科的醫師希望提高G物質的檢驗速度，而向檢驗部主管提出要求。

但是，即使醫師認為有需求，檢驗室也會參考自己的人員配置或預算等問題進行判斷，因此，並不一定會照單全收。

老實說，廣川常董是個門外漢，對於醫院的事完全不懂，我有點擔心會不會得罪客戶？

像前一陣子，我帶美國普羅科技的人去西山醫院拜訪時，那個外國人把客戶當朋友一樣，毫不客氣問了一大堆問題。後來，檢驗部的經理還跟我說：「老外就是那副德性。」

不過，這次的拜訪倒是很順利。

醫師們也都因為是公司高層拜訪，所以感覺還不錯。

廣川常董跟醫院的醫師們，只針對朱彼特交換意見。

我們去西山醫院時，還在走廊遇到內科的大川醫師，打了一下招呼，當時真的把我嚇出一身冷汗。

這是因為，大川醫師跟檢驗部的山形經理交情不大好。

像我們這種賣臨床檢驗試劑的廠商，基本上都是只跟檢驗室打交道。

如果我們不事先打點就越界踩線，跑去跟內科或外科的醫師直接接洽的話，檢驗室的人，就不會給我們好臉色看。

就這一點來說，我們就很羨慕德國化學的業務。

因為他們的產品包括藥品，所以，他們的專員常常拜訪醫師。

德國化學負責臨床檢驗試劑的業務，雖然跟我們一樣不大有機會拜訪醫師，但因為是同一家公司，不同的部門可以**互相配合**。

我們公司只有賣檢驗試劑，所以就沒有這種優勢。

另外，我好久沒看到東鄉課長了，今天覺得他好像跟以前不大一樣。可能是跟新來的廣川常董在一起所以有點緊張也不一定，但好像還有其他的因素吧？課長臉上的線條感覺比較緊繃，看起來比較認真，尤其是在說到朱彼特時，有一點嚴肅的感覺。

後來，福岡營業所的所長也這麼說。

東鄉課長針對每一個客戶，詳細詢問朱彼特的業務進度，這是以前從來都沒有過的事。另外，課長也問了很多市場競爭的狀況，但是有很多狀況我自己也不大清楚，所以都啞口無言。

我打算明天去客戶那裡探聽一下德國化學的狀況，蒐集一點情報。

我想，接下來自己得多加把勁推銷朱彼特。

西山醫院檢驗部山形經理的現身說法

對，今天新日本醫療的常務董事廣川先生因為新上任，所以來跟我們打招呼。

事實上，我們醫院跟普羅科技的交易量不算多，所以他老遠從東京跑來，我們覺得很過意不去。

普羅科技跟德國化學這兩家公司的產品，在功能上幾乎沒有什麼差別。

不論是價格或服務都一樣，雖然業務的水準也因人而異，但這兩家公司的業務品質都差不多。

像普羅科技的業務朝井，風評就很不錯。

一般說來，我們一旦用了德國化學的產品，就不大可能再換。

如果不是價格或產品功能有太大差別的話，即使有點小問題，我們都盡量只跟一家廠商採購。

因為在檢驗的時候，如果試劑不一樣的話，容易發生偏差的現像。另外，每家廠商的檢驗方法多少也不大一樣，對於檢驗人員來說很費事的。

所以，多選擇幾家廠商的產品交互使用，對我們來說完全沒有意義。

今天廣川先生不時提到朱彼特，並問很多我們對這個新產品的看法。

我們醫院有六百張病床，對於這種自動化機器當然有興趣。

尤其是最近院內都在討論如何精簡人事。

所以，我們並不排斥使用自動化機器，甚至可以說非常歡迎。

我們醫院受理的G物質檢驗業務也不少喔！每個月至少有兩千次以上吧？

我想最近每家醫院在這個檢驗項目上應該都是增加的吧？因為這已經成為學會討論的議題。

但是，我們今年**機器的採購預算**全都決定了。

如果會買朱彼特的話，也是明年四月（按：日本會計年度從四月起算）的預算了，所以實際下單也應該是九月左右，也就是說一年以後的事了。

我們醫院暫時會先用舊型試劑來做檢驗。

不過，我們技師主任也說，如果有錢的話就會馬上買來用。

你是說，我們在不在意德國化學的反應嗎？

沒這回事。如果產品夠好的話，當然會跟普羅科技買啊！

如果在明年度採購前，德國化學也推出同樣的產品的話，當然我們會詳細比較以後再做決定。

有聽說德國化學會推出類似品，是嗎？

廣川的市場觀察以及對於業務員的認知

結束拜訪行程以後，廣川第一個想法是「醫院的錢還真不好賺」。

藥品廠商對於醫院的醫師或員工唯命是從。總而言之，就是卑躬屈膝的奉承。

但是，除此之外，廣川認為醫院的市場跟其他產業並沒有什麼區別。

醫藥界大多給人一種「有錢好辦事，沒錢步步難」的感覺；但是，在臨床檢驗的領域中，似乎比較少聽到這樣的傳聞。

對朱彼特有興趣的醫療院所，應該至少有二百張以上的病床。但是縱觀日本全國，病床數在二百床以上的醫院，也不過只有九百家左右。

這個資訊對廣川來說，非常重要。

如果將日本國內九千家的醫院當做銷售市場的話，像新日本醫療般大小的公司就等於跟**一大群不特定**的客戶做生意。

總而言之，就是用一種幾乎**大量行銷**（mass marketing）的感覺在經營事業。

但是，如果客戶是九百家的話，只要從中鎖定目標，就可以**各個擊破的目標行銷**。對於需要在短時間內提出成績的廣川而言，這個發現，可以說是天降甘霖。

在G物質的檢驗方面，德國化學與普羅科技的日本市占比例約三比一。但是在未來的規畫中需先認知的是，不論是哪一家醫院在同一個檢驗項目中都不會分開下單，也就是不會出現七成使用德國化學的產品，剩下的三成使用普羅科技的產品這種情形。

廣川所面對的商業模式，是一種贏家全拿或敗者輸光的處境。

總而言之，試劑廠商並不是在單一醫院內部跟其他廠商競爭，它的規模是針對日本全國醫療院所每一個檢驗項目。

醫院的生意雖然不容易做，但是**一旦打進醫院之後，馬上主客易位**。

這可以說是一種一翻兩瞪眼的行銷模式，所以即使**險中求勝**，終究是勝者為王、敗者為寇。

普羅科技如果掌握時機，一口氣逆轉德國化學的市占率，德國化學也要花費幾年功夫才能翻身。

但是，這件事情對於廣川來說並非易事。

此時，廣川調到新日本醫療，還不到二個月的時間。

在這樣的情況下，公司內部所蒐集的資料在在顯示，短期決勝才是上上策。

普羅科技的業務團隊，以前只經手被視為耗材的檢驗試劑，像朱彼特這樣的機器，還是頭一次接觸。

事實上，很多業務都不大懂機器或電腦的資料處理。所以，一年前當新日本醫療開始推出朱彼特時，特別從業務中挑選四名（東京二名、大阪二名）**業務專員**，專門負責推銷朱彼特。

公司之所以會有這樣的配置，是因為美國普羅科技就是用這種方法提高銷售效率，因此要求日本比照辦理。

朱彼特的促銷活動主要由這四名業務專員負責。

一般的業務如果認為自己負責的區域中有潛在客戶，就將資訊傳給業務專員。之後，業務專員在該位業務的陪同下拜訪醫院，並由業務專員主導產品的介紹、實機操作或回覆專業問題等。

有關預算或業績的責任則掛在一般業務的業績目標下，基本上，公司將**業務責任**歸為一般業務承擔。有人跟廣川解釋，因為新日本醫療的業務組織不大、容易溝通，所以這種互相配合的制度反而能夠讓組織末端動起來。

但是，廣川實際在日本國內走一趟以後，發現大部分的業務都認為朱彼特是業務專員的工作，他們只是協助性質而已。

廣川對於這種組織的合適性相當存疑。

他認為如果不能讓**公司上下全心投入**的話，根本不可能在短期得勝。

廣川每到一個地方，都會詢問當地的業務有關朱彼特滯銷的原因。

他得到的答案歸納為以下幾點：

原因一，除非客戶需要大量檢驗G物質，否則很少會對朱彼特感興趣。這一年來業務雖然很努力的到處去推銷，但是醫院對於這方面的檢驗業務認知度不高。

原因二，朱彼特的定價太高。

原因三，在這個領域中，朱彼特是首次推出的自動化檢驗機器，因此客戶的接受度不高。

原因四，醫院編列機器採購預算時需要一年左右的時間，所以，朱彼特不是馬上可以成交的品項。

原因五，普羅科技長期以來以拋棄型檢驗試劑為主，從來沒有接觸過機器，老實說，業務都缺乏相關的專業知識。另外，也不習慣去客戶那裡做實機測試。

廣川對於業務們的說法，抱持很大的疑問。

至少他認為原因一到三，很明顯就是錯的。因為東鄉所提出的資料，就是最好的證明。在廣川拜訪醫院以後，更相信那份資料的正確性。因為很多醫院都大量受理G物質的檢驗業務。

而價格太高也是錯誤的訊息。廣川認為，朱彼特之所以賣不出去，是因為業務說明不夠的關係。

另外，說什麼客戶接受度不高，也是不可能的事。

但是，原因四當中，所提到的醫院採購是由預算決定這一點倒是真的。針對這個事實，需要研擬對策。

理由原因五也是一樣，業務們對於朱彼特信心不夠，所以不知不覺得有點排斥。

廣川發現到大部分的員工好像**感染傳染病一樣**，**大家竟然意見相同、口徑一致**。公司中只要有人說一些比較負面的意見時，就會四處散播，最後導致原本的「個人意見」就會變成鐵錚錚的「事實」，這種現象特別容易出現在**單調的組織**裡。

普羅科技事業部雖然有這樣的問題，但是，卻看不出他們承受一定要拚命達到業績的壓力。

事實上，這些業務的個性雖然善良純樸，但是稍嫌懶散。不僅開會慢吞吞，也沒有責任歸屬。

廣川一邊尋找滯銷的罪魁禍首，一邊不斷思考如何研擬行銷策略。但是業績不好的原因，並不需要一次改善。

如果能夠先鎖定幾個**關鍵成功因素**（**KSF，Key Success Factor**），接下來，就可以藉由連鎖反應而讓事情步上軌道。但是，如果順序不對了，反而事倍功半。

業務體制的優缺點

在業務的體制上，也隱藏著需要看清的重要事實，那就是代理商的業務網。

普羅科技事業部從成立以來，一直指定關東商事做為日本國內的總代理商。

關東商事共有二百多名員工，是一家專門經營臨床檢驗試劑的商社，而且還是這個業界的翹楚。

除了普羅科技以外，關東商事雖然也是其它臨床檢驗試劑廠商的總代理，但是他們的原則是**同一種品項只選擇一種產品代理，避免自相殘殺**，而且貫徹到底。

在關東商事中，普羅科技事業部的產品約占關東商事總品項的百分之三十左右，因此對於關東商事來說，普羅科技是他們的大客戶；而對普羅科技事業部來說，日本的通路網全靠關東商事，所以也是無法割捨的夥伴。

關東商事約有一百四十名的業務。

他們各有負責的業務地區，地區內的醫院由他們負責推銷普羅科技或其他廠商的試劑。

在這個業界除了一手代理商以外，大多還存在二手代理商，採取二段式通路行銷。

以關東商事來說，即使他們是普羅科技的總代理，但在日本全國至少還有二十家左右的小代理商也參與銷售。

在醫院的報價方面，如果是競爭較少或者比較創新的產品，一般都可以按照原來的定價交易。但是，如果競爭激烈時，就會讓價格崩盤，因此降個一成也是司空見慣的事。

廠商提供給一手代理商的批發價，一般是售價的六五折到七折，有時遇到比較複雜的產品，也可能是五五折左右。

廠商的批發價一旦決定了以後，通常不大變動，因此一手或二手代理商都是在自己公司的利潤及提供給客戶的折扣中自行取得平衡。

就廣川自己的觀察，不僅普羅科技事業部的業務團隊對於機器的銷售不夠熟練，就連關東商事也是一樣。

原本廠商與代理商的業務應該一起拜訪客戶，互相支援拿到訂單。但令人意外的是，看起來普羅科技事業部的業務跟關東商事的業務互動並不密切。

像朱彼特的促銷活動，也是普羅科技事業部的四名業務專員到處奔波，關東商事的人卻不夠積極。

廣川本來以為關東商事的問題不小，但是暫時觀望之後，反而覺得普羅科技事業部的問題更大。

在客戶與普羅的業務之間，因為存在一家代理商，因此以**外人**看不出來普羅科技業務的**行銷責任**。

對於只有二十二名業務的普羅科技事業部來說，擁有高達一百四十名業務的關東商事是極其重要的存在。

相反地，廣川甚至懷疑，如果醫院的生意由普羅科技的業務自行直接交涉，公司卻又不追蹤成果，就無法強化這個業務團隊的體質或提高士氣。

但是，關東商事的總代理已有十年以上，新來乍到的廣川不大適合在新官初上任之時就表示意見。

摸清楚競爭對手的實力

當機內廣播，飛機再過三十分鐘即將抵達舊金山時，廣川將身體靠向右邊的窗戶，凝視著朝陽下閃閃發光的地面。

從日本出發的飛機一般都從太平洋飛越美國內陸的小山脈，並經過史丹福大學的上空。加州的冬天總是陰雨綿綿，望眼十二月的山區，竟是一片翠綠。

史丹福大學為紀念第一屆畢業生胡佛總統（Herbert Clark Hoover，一八七四－一九六四）所建造的胡佛塔（Hoover Tower），正聳立在西班牙式紅瓦屋頂的校園中。

諾貝爾文學獎得主索忍尼辛（Aleksandr Solzhenitsyn ，一九一八－二〇〇八）當年遭舊蘇聯政府驅逐時曾逃往美國，並以胡佛塔為研究室。

飛機宛如要飛向胡佛塔一般，將機翼向左大大傾斜，準備降落舊金山機場。

廣川此次的美國之行，肩負著特別使命。

此時，他調任新日本醫療已經三個月了。

市場上雖然尚未看到與朱彼特類似的檢驗機器。但是，卻不能不注意其他公司的動向。

廣川最擔心國際廠商與德國化學的動向。而他認為，美國普羅科技公司對於德國化學公司的動態應該握有最正確的資訊。

在德國化學的事業中，舊型試劑即使比較不搶眼，而且市場也不大，但全世界的營業額都超過一百億日圓，這對於總營業額幾百億的臨床檢驗試劑來說，可說是一個主力品項。

然而，現在普羅科技推出朱彼特這樣的檢驗機器，突顯了德國化學產品的落後，他們勢必不會坐以待斃。為了維持日本國內百分之六十三的市占率與國際地位，德國化學一定會卯足全力研發新品，與普羅科技一較高下。

廣川要求日本全國業務刺探德國化學的動向，但得到的回報，都是目前該公司尚未推出與朱彼特相同性能的機器。雖然也有二、三家醫院透露德國化學可能在幾個月內推出類似品，卻都僅屬於傳聞，無法得知情報的真實性。

但是，公司內部一致認為德國化學一定會推出類似品競爭，這只是遲早的問題。

此時，剛好美國普羅科技史提爾副董事長，強烈要求廣川前往美國一趟。

廣川也認為正好可以趁此蒐集一點市場資訊。

因此，他在獲得小野寺社長的許可後，便啟程前往美國。

當廣川還在第一鋼鐵時，曾與史提爾有一面之緣。當時，史提爾即對廣川印象極其深刻。

他甚至以為，如果能有像廣川這樣的男人為朱彼特在日本闖天下的話，情況應該會大大不同。但是，史提爾除了訝異這個想法竟然會成為事實以外，另外，也有其他疑慮浮上心頭。

史提爾擔心的是，廣川對於這個領域完全沒有經驗，光是要讓他熟悉普羅科技的產品就需要一段時間了，何況要上場打仗？

第二天，廣川拜訪了位在矽谷（Silicon Valley）的普羅科技，他不卑不亢地打招呼以後，利用投影機進行簡報。

廣川的簡報內容並不是報告今後將如何發展，或他訂定了什麼樣的行銷策略。反而說明他在到任三個月期間內的所見所聞，以及他自己的結論。

新日本醫療並不是普羅科技的子公司，因此，廣川沒有必要降低姿態一五一十的報告自己公司的實情。但是，廣川已經事先取得小野寺董事長的認可，跟史提爾打開天窗說亮話。因為，如果不這麼做的話，就無法充分說明為什麼朱彼特一直賣不出去的原因。

聽完廣川的簡報以後，史提爾總算安心了。

他對於廣川能夠在短短三個月內，迅速掌握現況相當佩服。他認為照目前的狀況，美國普羅科技應該暫時觀望，維持與新日本醫療的合約關係。

事實上，就史提爾而言，即使急急忙忙地找日本其他代理商，也不可能馬上讓朱彼特的業績起死回生，反而是競爭對手的腳步聲陣陣逼近。

「朱彼特在美國的行銷狀況已經上軌道。去年一年之內，賣出一百二十台。今年預計可達到一百五十台，而且還都是價格較高的自動化機型。**美國的市場規模**約為日本的兩倍，所以日本一年才賣七台，怎麼看這個數據都很奇怪。」

廣川在腦裡計算了一下，美國這二年的業績換算成日幣的話，表示美國的醫院已採購了超過二十億日圓的朱彼特。

「歐洲的狀況如何呢？」

「歐洲國家的規模雖然都比日本小，但所有國家加總起來每年約賣出一百台左右。**歐洲的市場規模**大概是日本的一點五倍。」

「貴公司的行銷重點是什麼呢？」

「我們在業務團隊中成立業務專員專門負責朱彼特的行銷。舉凡機器的實機測試、推銷或交貨等一連串的業務活動都由他們負責，一般的業務則處於支援狀態。」

「今年，我們公司照你的建議也採用同樣的方法推廣業務。」

廣川雖然想說「就是你們這個方法，害我們日本的朱彼特賣不出去」，但最後還是忍了下來。

因為，他認為現在去批評普羅科技的想法都嫌太早。

「德國化學的市占率怎麼樣呢？」

「每個國家的狀況都不大一樣。但是，不久前在美國市場是五五波的情勢，而他們在歐洲比較強，大概是六四比。但是，整個世界來看，普羅科技的產品市占率最低的，還是日本。」

「這種促銷活動，真的能夠逆轉市占率嗎？」

「這是一定的。我們美國的市場比日本大都做得到了，當然這也需要花點時間。」

「你有聽說德國化學要推出跟朱彼特類似品嗎？」

「嗯，他們的實驗機器已經通過內部測試（alpha test），現在提供給歐洲六個點進行外部測試（beta test）。預計半年以後，會正式推出吧？」

所謂內部測試，是指廠商將研發的新品，提供給關係比較好的客戶或夥伴進行測試；外部測試所提供的對象，則不限於交情的深淺，而是以真正的客戶為主。

「這麼來說的話，過不了多久日本也會推出吧？再晚也不會超過一年。」

「如果日本已經悄悄在進行的話，可能會比預期更早吧？」

「不知道性能強不強呢？」

「聽說，跟朱彼特一樣。」

抓準行動的時程

廣川心想，果然不出所料，這已經不是單純的傳聞而已。

甚至可以說，這個發展對於今後的規畫具有關鍵的影響。

總而言之，今後行銷策略的所有「**時程**」，勢必因為**預測的競爭對手**的出現，無可避免受到限制。

除了德國化學以外，廣川還在意日本廠商是否加入戰場。

廣川詢問產品經理史密斯先生的意見。

史密斯具有工程師背景，外表看起來比廣川年輕，對目前的市場動向相當熟悉。不同於時下的美國上班族，他手上拿著一包菸，卻沒有點菸的意思。

「史密斯先生，從**朱彼特的研發難度**來看，你覺得日本廠商大概需要多久，才可能推出同樣的產品？」

「應該要兩年左右吧？」

廣川立刻知道，這代表一年以內就可能推出了。

這十幾年來，當廣川還在第一鋼鐵企畫室或新事業開發部時，曾多次拜訪電子、半導體、新材料、醫藥等各種業界的美國企業，並向他們的工程師提出同樣的問題，但是，得到的答案沒有一次正確。

當然，不同的領域有各自的條件，但是，長期以來，美國工程師根本沒把日本放在眼裡。或許因為美國人的傲慢，或是手邊擁有的日本資訊太少，美國企業即使持續地輸給日本，但是對日本的研發實力，卻出乎意外的遲鈍。

對於日本這個競爭對手，長期以來，美國有許多人輕忽日本的研發能力。美國即使在乎歐洲，到目前為止仍舊一路走來、始終如一，不把日本當一回事。

再加上美國的研發部門為了提高自己在公司內部的評價，習慣低估日本企業的追趕速度。

根據廣川的經驗，將他們預測的時間打個對折就準了。如果他們評估日本人的研發速度要花十年追上，那就表示實際為五年；若是五年，就表示只要二年半。

不論如何，日本廠商應該會在一年以內推出類似朱彼特的產品，或者說**至少要有這個心理準備以研擬行銷策略**。這個事實對廣川而言可說是一大衝擊。

如果一年以後競爭廠商相繼推出類似品的話，從競爭的立場來看，普羅科技事業部過去一年來所花費的時間極其寶貴。

接下來的一年，更是生死存亡的關頭。

如果能在對手加入競爭行列前，先讓重點客戶購買自己公司的產品，就可以出奇制勝。

尤其像朱彼特這樣的機器，不管醫院規模的大小都只需要一台，一旦進貨以後因為有回本的問題，所以也不會輕易改用其他廠牌。

「史提爾先生，我打算重新研擬朱彼特的行銷策略，架構新的制度，再一股作氣拉抬業績。可以再給我一點時間嗎？」

「大概需要多久呢？」

「我正在思考新的銷售方法。我好好想一下，再確定用什麼樣的方案，請給我兩個月時間吧！決定之後，我就會全力衝刺。」

目前，普羅科技與新日本醫療的利害關係完全一致。

兩家公司都希望朱彼特能夠成功搶占市場。

史提爾除了接受廣川的請求以外，已經別無選擇。

轉眼間，新的一年已經到來。

在過年休假期間，廣川一邊在家裡休息，一邊試著整合這三個半月來所得到的資訊。唯一可以說的是，好不容易研發出朱彼特這樣的產品，不久以後卻會出現其他競爭品牌。

廣川對於手上的資料雖然很多都看不懂，但是他想再怎麼調查也無濟於事。

因此，他決定把有疑問的地方就先放在**黑盒子**（black box）裡，現在最重要的是拿出**破**

釜沉舟、勇往直前的膽識。

問題是如何研擬出**有效的競爭策略**。

此時，正好朱彼特很難得在十二月賣出二台，如此一來，朱彼特這一年總共出貨九台。

但是，開春以後的一月，也只有一台的訂單，朱彼特的銷售狀況仍然低迷。

【三枝匡的策略筆記】

什麼是「選項」？

從制訂目標開始

廣川總算完成現況分析。老實說，他有一種勉強達陣的感覺。廣川調任新日本醫療還不到四個月，他的工作效率算是相當快的。可能有些讀者會認為廣川過於躁進。當然，要說廣川心裡不急也並非事實。因為最早意識到德國化學如果推出類似品加入競爭的話，這個機會就會煙消霧散的人，反而是廣川這個「外行」的「空降部隊」。除此之外，來自美國普羅科技的壓力也是原因之一。

如果你是廣川的話，接下來，將採取什麼樣的行動呢？

廣川曾答應史提爾二個月後提出新的行銷方案。換句話說，如果是你，需要在二個月以內架構全新的行銷策略。

此後，你需要化身為第一線的指揮官，驅策日本全國的業務團隊與代理商動起來，攻破德國化學的城牆。

這種作戰策略並非信口開河就好，你需要把自己當成一位能夠實際作戰的「策略家」。這個專家不能像幕僚一樣只會分析，更不能像一隻聽命於女王蜂的「工蜂」，沒有指令就無法行動。你必須自己研擬計畫，即使身陷泥沼還是必須奮力站起來；另一方面，又必須懷抱夢想，一旦發現錯誤立時修正，在前拉後扯、左挪右移的動態中確保計畫成真，這就是你所扮演的角色。因此，首先必須先能回答以下的假說：

假設你現在的處境幾乎與廣川常董一樣，正面臨破釜沉舟、勇往直前的關鍵時刻。那麼，負責普羅科技經營成敗的你，請回答以下的問題：

【問題一】請訂出朱彼特下個年度（一月至十二月）的銷售目標（台數）。

廣川常董將在明天的業務企畫會議上發表這個銷售目標。

我想先讓我來說明為什麼會提出這個問題。事實上，廣川常董已經決定不論如何，反正先找出一個數字做為基礎，再往下延伸。而且，他還決定在明天的業務企畫會議上公布這個數字。

坦白說，廣川自己對於許多事也還是一知半解。所以，現在要想出一個目標實在有點亂來，簡直是胡搞。但是，廣川的用意是自己先提出一個數字，也要部屬照辦。

如果是你，會根據什麼標準設定目標的台數呢？

新日本醫療去年一年賣出九台，這想當然是一個可以參考的出發點。在這個個案中，他們認為朱彼特的用戶應該是病床數二百張以上的醫院，日本全國約有九百家。但是，這個數字可能跟潛在市場的大小有關，你所需要決定的是接下來一年內的營業目標。

除了東鄉或業務們的氛圍、幹勁及內部組織的問題等因素以外，其他另有銷售方法或價格等值得深入探討且極具影響的事情。

可以說，接下來要研擬的策略決定勝敗的關鍵。

請容許我再重複一次，基於以上這些考量，於是廣川想先把這個數字給訂下來。這也是我為什麼希望各位讀者一起思考的原因。

你所設定的
朱彼特下一年度的銷售目標
台

如何彌補落差？

相較於朱彼特去年賣出九台的記錄，你所訂的目標有多大的差別呢？接下來的二個月，廣川需想出一套策略以便彌補他的目標跟實際業績的落差。

彌補這個落差的第一步，應該是先掌握市場現況。接下來，讓我再請教熱心學習的讀者們第二個問題。

> 【問題二】為了達成下一個年度的銷售目標，同時讓普羅科技事業部永續成長，你會採取什麼樣的改善對策呢？
>
> （甲）請分別列出長、短期應該解決的課題。
>
> （乙）其中又以什麼事項對於研擬目前根本的業務策略最為重要？什麼是影響「根本」的手段？

有些人可能會說個案的內容不夠清楚，所以自己也答不上來。但是，如果讀者現在放棄的話，故事就無法繼續往下了。世界上不論是哪一家公司的老闆，手邊都不可能有整理好的資料可隨時提供參考，因此請各位讀者務必認清這個事實。

我們上班時，不管眼前的事情是否應該解決，習慣一視同仁地看待，所以很難判斷。但是，本書的個案並沒有龐雜的問題、無用的資訊。總而言之，答案幾乎都已經攤在各位讀者的眼前。

是否看得見答案，完全取決於你的辨識能力，所以，請將我的問題當成一種思考訓練，動動腦想一想吧！

那麼，耐心聽完我的嘮叨且熱心學習的讀者們，請接著思考第三個問題。

廣川認為朱彼特的定價很不合理。他甚至說：「定價忠實的呈現賣方、買方與競爭對手這三方各自的盤算」。看來他打算從價格切入，想出新的策略。接下來，同樣的問題請你回答。

【問題三】朱彼特的定價結構需要修正嗎？判斷定價策略是否合理時，應該用什麼邏輯來思考？你也可以根據自己所訂定的銷售目標，提出合適的價格策略。

如果我們是廣川的話，面臨的是背水一戰的局面。因為自己的一句話，將對公司的事業發展或未來的命運造成極大影響。因此，除了策略理論以外，你也需要充分發揮自己的直覺，研擬出一套萬全的行銷策略。

經營的直覺，並非與生俱來

長期以來，我大多接受企業委託，提供經營策略方面的管理顧問服務。雖然我曾經歷兼職高階主管、外部執行董事、經營顧問、管理顧問等各種職稱，但工作內容都是屬於專業層面，需要花費時間、心血的領域，如成立新事業、重整赤字的虧錢事業、啟動高風險的新興事業等。

對象僅限於委託公司的董事長或總裁，我是他們專屬的管理顧問，與經營者一起思考對策，並共同著手改善，協助他們從新事業初期的困難中脫困，或者重新整頓有問題的事業。

有時視情況所需，我也會代理董事長或主席出席會議；遇到有問題需要解決時，也曾從早到晚整天周旋在工廠中，或者陪同業務拜訪客戶、幫忙挖掘人材、改善會計或財務系統、資金調度或變更組織結構等，只要可以利用策略改善事業的工作，我都全力以赴。遇到自己不熟悉的事務時，就找其他專家共同解決。

我為了當一位稱職且負責的管理顧問，即使臨時受命成為那家公司的董事長，仍然不斷地摸索自己可以落實的策略。當然，如果有需要的話，不論是美國或歐洲等，天涯海角也會飛奔而去。

這種工作方式，使我無法同時為多家公司服務，而且一旦開始接受委託後，合作時間也比較長久。

話說回來，當我幫企業解決問題時，那家公司的董事長有時會反省說：「看起來，是我自己的問題，我缺乏經營的直覺。」這個時候，我總是反問：「你所謂的直覺，指的是什麼呢？」

「嗯，我也不知道怎麼解釋。三枝先生，我以前在想一些公司的方針時，很少用邏輯在思考。因為即使去想一些大道理，結果都是不知所云。最後，還是要靠直覺啦！」

「唉，可不是嗎？經營一家公司，直覺是很重要的。」

「但是，從你這樣的管理顧問的口中說出來，好像怪怪的。」

「不會啊，有些經營者的經驗相當老練，但是身旁的人卻無法理解他的想法。但是，結果我們往往會發現那位經營者都說對了。從某種方面來看，比較像一種動物的本能。事實上，根本不是這麼一回事。」

《直覺式經營》（*The Intuitive Manager*，日文版由日本經濟新聞社出版）的作者羅伊洛恩（Roy Rowan）將只根據理論與數字判斷經營的ＭＢＡ，稱為「言詞清晰的無能者」

（望月和彥的日文翻譯）。常常有人形容日本的政治家是一群「他們自認說得很清楚，但是別人完全聽不懂」的族群，有時ＭＢＡ在言詞或語意上的傳達再清晰不過，但卻讓人覺得忽略了什麼重點。比方說，當某一個數字無法整除時，留下餘數也無礙於事，或者在研發新技術時，即使黑盒子充滿玄機，也不一定要想盡辦法打開來一探究竟，但是如果將這些事全部照著邏輯思考，怎麼樣也說不過那些口才好的人。

身為董事長的人，常常要在不黑也不白的灰色地帶決定經營方針。如果要等到大家都看到結論再行動的話，那就沒有董事長的用武之地了。換句話說，董事長有很多地方需要靠直覺來行事，並藉由這種特質發揮他的領導力。

「可是，像我這種直覺不夠敏感的人該怎麼辦呢？有什麼辦法可以訓練直覺？」

「沒有人一生下來，就具備經營直覺。所以，到底要如何才能讓經營者具備敏銳的直覺，確實值得我們深思。」

失敗的經驗與經營的因果定律

說到直覺，其實也分為二種。一種是屬於神奇的超能力，比方說，當一位棒球打擊手的狀態絕佳時，投手所丟出的快速球就會如同動態靜止一樣，或者右腦特別發達，像是抓到某種感覺似地，隨便揮棒都是全壘打，其他像藉由冥想、自我催眠、氣功、靈媒等各種精神層面所接受到的啟示也是一樣。

在企業經營中，類似這樣的直覺對於研發尤其重要。

我想特別呼籲的是，企業不應該輕易封殺類似「我雖然無法清楚說明，但是覺得應該會發生什麼事」這樣的感覺。當MBA只靠邏輯推測經營的利益等問題時，類此前述的直覺判斷，一下子就會被企業組織唾棄。美國在一九七〇或一九八〇年代的經濟之所以崩壞，我認為應該與這個現象有關。

另外，還有一種直覺比較偏向邏輯判斷，與感性或精神層面無關。比方說，部屬習慣根據分析結果做事，但經營者卻不是，或者當部屬的說明不合乎邏輯時，經營者可以根據直覺得出結論。

比方說，不論部屬的意見聽起來多麼正確，當高層武斷地回答「你錯了」時，高層又是憑著怎樣的直覺這麼說呢？

首先，最有可能的是，高層憑藉的是直覺與過去的失敗經驗。那些被認為直覺神準的經營者，應該都從過去的失敗裡學得教訓才對。

「三枝先生，照你這麼說的話，像松下幸之助這樣的經營之神，其實也經歷過很多失敗是吧？」

「外人或許不知道，但是就常理來說，如此優秀的經營者，怎麼可能沒有經歷過失敗？除非他是神。」

「像我們公司現在勉強去做，最後就會讓公司的業務陷入苦戰，而新的問題會拔芋頭一樣，一顆顆跑出來。」

「這是因為，只有當經營者失敗的時候，才會開始了解許多事情。而這些就會成為你的寶貴經驗。這是不習慣採取積極攻勢的經營者，永遠無法了解的事。」

因此，我將因為失敗所看得到的原因與結果的連結，稱為「經營的因果定律」。直覺較佳的人大多能夠在實際的經驗中，體會到這個因果定律的相關事項。

「三枝先生，你的意思就是說當我們開始覺得會成功，可是最後卻失敗時，表示誤判這個因果定律對吧？」

「就是這樣。如果實際去做的話，自己所不知道的因果定律就會強烈作用，結果就會往其他方面發展。」

「你說得很對。但是，經營者會因為那個失敗，而知道新的因果定律。」

「對，等到下次要決定什麼的時候，那位董事長腦中的資料庫就會再增加一個寶貴的因果定律，而且這個經驗也會提高勝率。」

【圖表3-2】身經百戰的經營者所看到的「因果定律」

（圖中較粗的線表示經營者所看到的「因果定律」）

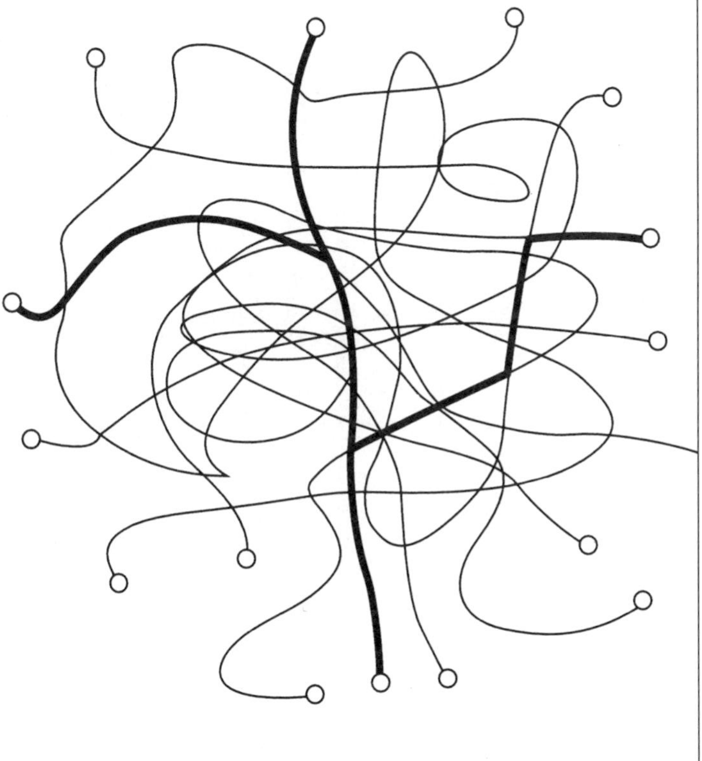

失敗，也需要沙盤推演

經歷過重大失敗（如公司倒閉等）的人，並不代表經營能力就會變好。當一個人失去社會信用，或經歷太過悲慘時，遇到特定的因果定律就會相當敏感，反而無法有正常的判斷。

當然，也無法在成功的經驗中學習崩壞的因果定律。對於以快速攻擊見長的新興企業來說，他們之所以會一夕垮臺的原因是，他們無法即時看出企業崩壞的極限。

「三枝先生，話雖然是這麼說，如果管理顧問跟經營者說，不妨試著失敗一次的話，會不會太沒有責任感了？」

「哈哈哈！我也曾經站在經營者的立場幫企業起死回生，所以我知道那樣的建議根本發揮不了什麼作用。但是，失敗也有不同形式的。比方說，外界看起來成功的結果，董事長本人卻覺得搞砸了。」

「什麼意思？」

「我的意思是說，即使結果還不錯，但是，如果與原訂的目標等計畫脫鉤的話，就是失敗。也就是說，當事者經歷了一場名為『失敗』的模擬。」

「對於野心比較大的經營者來說，的確模擬過的失敗也比較多。」

「因為這種性格的經營者不容易對結果滿意，就會追究不如預期的原因。所以，他們的資料庫裡面的因果定律也會愈來愈多。」

「但是三枝先生，這樣的話就需要訂定很明確的目標或者計畫。」

「這就是重點啊！董事長。模擬失敗的前提是，萬無一失的規畫。」

假設你現在是董事長，某種程度按照邏輯建立理論去經營事業，但卻無法順利發展。

接下來，為了避免失敗，所以你另外想出一套理論。

在這樣的反覆過程中，你就會發現以前所忽略的事，而這個就會成為一個新的因果定律。當你下一次遇到問題時，這個經驗就會有助於判斷。

總之，本來所謂直覺是來自於經驗的累積，但是，當我們建立理論，反覆思考方法（規畫），就會加快直覺的體驗，同時這些人的直覺也會比那些只靠經驗的經營者更準確。

直覺與邏輯規畫並非互相矛盾，而是一種良好的互補關係。

撰寫成功的策略腳本

「三枝先生，看起來我好像被你說服了，但是我要怎麼規畫，才能體驗失敗的模擬呢？」

「事實上，很多董事長當自己計畫不順利時，時間愈久，愈不知道究竟該怎麼做。目標不斷的轉移，最後就會搞不清楚成功的定義是什麼。照這種做法的話，不僅無法成功也不會失敗，最後就是被環境牽著走，根本談不上沙盤推演的模擬體驗。」

「怎麼好像是在講我。」

「我不是這個意思，哈哈！所以說，剛開始研擬計畫時，如果能夠預設一些前提，並且寫下來的話比較好。」

這些筆記不用像一般文件一樣那麼正式。董事長隨手寫在記事簿上即可。這是避免時間一久，自己忘了當初是怎麼判斷的。

計畫往往趕不上變化。不管我們如何檢討批評，當計畫走不下去時，就是無以為繼。重要的是，儘快發現那個當初以為會成功的策略腳本究竟哪裡出錯。

比方說，即使公司的某個事業達到一定程度的成功，但是當你嚴格檢討這個成功脫離劇本初衷的原因，並且驗證當初判斷的失誤時，才是「模擬失敗」的開始。

「當董事長或事業部經理一邊揮著旗幟，一邊在公司內部反覆這樣的流程時，策略用語就在公司中散播，同時逐漸形成策略意識。」

在這樣企業文化薰陶下的員工，當遇到危機時的爆發力，比起只知道等待老闆下達指令員工截然不同。

再者，這種事情不大方便在公司內部公開，但是，可利用沙盤推演的方式，模擬「失敗的腳本」。大家可以想像一下，如果這個事業失敗，會是因為什麼理論而掉進泥沼？此時，又有什麼方法可以躲避？這就是訓練如何解讀因果定律的方法。

公司的體質與規畫

「話說回來，有些公司不管怎麼規畫，總是無法定案。」

「三枝先生，可能是因為那家公司的董事長根本不喜歡做計畫吧？」

「當然也有這種人啦，有些董事長本身很希望經營幹部精於規畫，但是就是很難做到。」

首先，第一個有問題的是董事長個性獨裁的公司。因為不知道如何授權的公司也無法讓員工養成規畫的習慣，而且沒有規畫的公司也不知道如何授權。

「一家很少往下授權的公司，即使員工做什麼樣的規畫，也會因為董事長朝令夕改的習慣，而讓自己的計畫泡湯。」

「這是一定的吧？待在這種公司的話，大家都會變成牆頭草，因為看著老大的臉色辨事，才不會浪費時間。」

「但是，這樣一來的話，在這個董事長獨裁的眼中，根本看不出底下的人的工作目標是什麼。所以，也就愈來愈不敢授權，就這樣惡性循環下去。」

第二個是完全相反的例子，如果企業中所有人都是上班族心態（按：有氣無力，萎靡不振），即使有絕佳的規畫也難以落實。或者應該這麼說，只要大家口徑一致，至少能夠形塑表面上看似統一的樣貌。

但是，如果沒有不惜冒險，甚至視情況所需打破公司的傳統或組織的銅牆鐵壁的魄力，就無法寫出好的劇本（規畫）獲得真正的成功。

「如果想讓公司內部培養規畫的風氣，首先，董事長本身應該讓員工了解自己的想法、事業的架構或未來方針等，而且還得不斷的持續個幾年。另外，再要求各個部門根據這些理念規畫事業藍圖，同時董事長也要不厭其煩的跟催。」

起而行

所謂規畫，是思考未來的事情，因此絕對不可能看清楚所有的風險。不論經營者的經驗如何豐富，對於因果定律涉獵多深，仍然無法知道什麼地方隱藏著從未經歷過的因果定律。

總而言之，不論是廣川、各位讀者或是筆者本身，任何人都有可能隨時遭遇失敗。但是，我們能夠做的就是盡可能預測未來的風險，提高成功的準確率。

比方說，當現實環境不如劇本的鋪陳時，我們可以因為事前的規畫進一步磨練直覺，讓事業在更佳的策略下發展。

那麼，當你正在思考這些事情時，請回答我剛剛的問題。你想出什麼樣的新策略呢？明天所召開的業務企畫會議，將是鞏固你這個新策略的第一步。

如果你是廣川的話，在明天的會議上打算說些什麼呢？接下來，是該勇往直前的時候了。

第四章

錦囊妙計、飛躍成長

暫時的沉默

「這個月朱彼特只賣出去一台。為了提振我們的業績，我將今年十二個月的總銷售目標訂為一百台，同時也想藉著今天重新整理一下我們的銷售系統。」

在一月十日所召開的業務企畫會議中，常務董事廣川洋一在會議開始還不到一分鐘的時候，就用以上這番話做為開頭。

說完以後，廣川看了一下大家的臉。

大家的表情讓他終身難忘。

會議室內瀰漫著一股山雨欲來的緊張感。

現場一片寂靜，鴉雀無聲。

這些善良樸實的臉盡可能裝得若無其事，有人低下頭，有人看著天花板，就是沒有人把臉向著廣川。

「這個應該沒我的事吧？」大家似乎心裡都這麼想著。

只有一個人對廣川的話做出反應，那就是東鄉。

他眼睛盯著廣川，漲紅著臉，大聲說出：

「啊？」

但是，他覺得廣川八成是在開玩笑，所以，半瞇著眼幾乎笑了出來。

東鄉的這種反應，正說明了普羅科技事業部**長期以來的組織體質**。

這個事業部的預算，有編列跟沒有編列一樣。他們的業績目標即使訂得再高，如果達不到的話，公司也沒有什麼嚴厲的懲處。

另外，也看不到所謂的業務策略。

朱彼特去年才賣出九台，卻沒有人覺得這樣的業績有什麼問題。

廣川相當清楚，這個一百台的銷售數字，對這些業務來說，簡直是天方夜譚。

但是，對廣川來說，這個業績目標卻是再自然不過的了。如果這個時候，把目標訂個三、四十台的話，根本不可能有什麼**飛躍**的成長。

福島課長的現身說法

我心裡想著：絕對不要被廣川常董盯上，所以，就低頭看地上。

我覺得，常董根本是亂說一通。

真是敗給他了。不過，我自己算了一下，朱彼特如果能夠賣一百台的話，有多少營業額呢？

機器加上新型試劑，營業額大概有六億日圓左右，這樣的話，毛利應該增加四億日圓以上吧？

想到這裡，我的頭更抬不起來了。因為，這個數字代表我們所有商品的營業額加上利潤，要在一年內一口氣提高百分之七十左右。

我進入這個行業已經十年了，從來沒有看過業績可以這樣快速成長的例子。

去年，朱彼特的營業額是五千九百萬日圓，我覺得一個新產品第一年就可以有這樣的業績已經很不錯的。

我們這個業界跟其他行業不同，不耍花招。每一樣產品我們都是一步一腳印、老老實實地賣出去，每年能夠成長個百分之十或十五，就已經很好了。

更何況，我們的產品都需要花時間去推銷，花費也多；相反地，它的優點就是毛利比較高，所以有這個價值。

要我們這種型態的行業，一年成長百分之七十，真的是很難啦！

老實說，常董根本就是個外行人。我想，在鋼鐵廠待的人不可能那麼輕易了解我們的狀況。

我想他再多待一陣子的話，應該就可以看得到這個**業界的特殊性**。

你問我討不討厭廣川常董嗎？

不會啊！沒這回事，我一點都不討厭他。

我想，大家的感覺應該都一樣。常董來了之後，大家變得比較緊張，好像隨時會發生什麼事一樣，其實，讓人有一點期待。

常董的**看法，跟一般業務出身的主管不大一樣**。

我觀察他這三個月來的言行舉止，覺得他說的話也都很有道理。

啊？我的話前後矛盾嗎？

嗯，好像是這樣啦！不過，我只是覺得他最好多了解一下我們這個業界的特殊性。

用膝蓋想也知道，朱彼特怎麼可能一年賣一百台？簡直胡說八道！

不知道這個數字，他究竟是怎麼想出來的？

逆轉勝的預感

當員工提出「業界的特殊性」或「**地區的特殊性**」的字眼時，經營者就要特別注意了。

這些話大多代表他們對於新想法、新策略產生些微抵抗的態度。

但是，當天與會者的感想，大概都跟福島課長一樣。

這些人雖然被廣川的話嚇到，卻又不能立刻整理出一個頭緒。

他們都覺得廣川常董的要求很無理，但卻又猶豫：

「搞不好他是對的。」所以，不知道該怎麼回應才好。

人們在順應新策略時，一般都是從「**長期以來的價值觀陷入混亂**」開始。

現在，正要開始這個混亂的過程。

對於廣川而言，這是一個危險階段的開始，第一次測試他的領導能力。

但是，他毫不畏縮地繼續說下去。

「不要再去討論賣不賣得到一百台，我們要想，該怎麼做，就能賣得到一百台。

「對手已經在後面追趕，我們已經沒有時間了。

「讓我們拋開以前那些束縛，一起來思考如何**打造一個新公司**。」

廣川用簡單明瞭的方式，說明他以空降部隊之姿就任常董這四個月以來，所整理的一些基礎數據，以及他觀察公司內部所得到的結果。

「很明顯的，朱彼特的產品功能很好。」

「定價體系也不差。」

「也沒有其他廠商競爭。」

「但是，為什麼業績就是上不來呢？」

廣川以價格為例，用他的邏輯帶大家討論，是否應該維持現有定價。

他思考定價的邏輯是這樣的。

以有三百張病床的醫療院所為例，每個月最少也有九百次的檢驗業務。當這個醫院將舊型試劑改為朱彼特時，因為朱彼特的新型試劑比舊型試劑便宜一半，所以，對於醫院來說，光是一年，採購試劑的費用就能節省二百七十萬日圓。

如果朱彼特最便宜的基本機型降價百分之十，客戶以四百零五萬日圓就買得到的話，檢驗試劑又比較便宜，所以，只要十八個月，客戶就可以回本了。

但是，如果醫院的檢驗業務每個月有一千八百次的話，即使用比較貴的半自動化系統，**回收期**也只要十六個月就行了。

等到醫院付清機器的貨款以後，接下來利潤就會提高。

好處還不只如此。

這個算法還沒有納入當檢驗改成自動化時所節省的人力支出，因此，客戶實際的回本時間應該更短。

除此之外，還有醫療上的優點。

比方說，檢驗報告的速度更快，檢驗結果更精準等。

「從經濟效益的層面來看，也沒有賣不出去的道理，如果再加上有其他好處的話，更不可能賣不出去。所以說，你們手上有的是非常棒的，大家都羨慕得不得了的產品。」

廣川說明之後，做出下一個結論。

「所以，看來朱彼特的問題不是產品本身或者是市場性。應該是我們的**銷售方式哪裡出了問題**。」

新想法的線索

廣川自從調來新日本醫療以後，一直在思考，究竟該怎麼行銷朱彼特這樣的檢驗機器。

他覺得，不僅是賣方的普羅科技或代理商的業務對朱彼特不熟，對於買方來說，因為朱彼特是第一台檢驗G物質的自動化機器，所以客戶的態度都比較謹慎保守。

究竟要如何打破這個藩籬，提高銷售業績呢？

有一天，廣川注意到一件很簡單的事。

廣川突然開始思考，他們賣的到底是機器？還是試劑？

如果從這個觀點將朱彼特視為一個銷售的配角或者說舞臺道具，可能比較好。這樣切割下來，就可以看到不同的銷售方法。

當事人如果一頭栽進去的話，**公司內部**就會瀰漫一種**既成概念**。

直到一個月前，廣川這個外來的空降部隊也差點**隨波逐流**、**人云亦云**。

廣川問大家：

「我自己到處訪談之後，覺得問題應該是出在客戶的採購預算上。負責檢驗業務的人不管多麼想買朱彼特，醫院是不會輕易批准採買昂貴的機器。我想只要我們能夠想辦法突破這一點的話，業績應該可以突飛猛進。」

「因此，我們必須找出一套方法，明顯降低客戶初期的風險。換句話說，就是初期投資。」

大部分的客戶都有「資產採購」的預算限制，廣川擔心的是，即使再過個一年，客戶也沒有買朱彼特的打算。如此繼續放任下去的話，德國化學或日本的廠商就會推出類似產品加入競爭。

到底有什麼方法，可以讓朱彼特不屬於資產採購，避開醫院內部繁複的核准手續呢？

如果客戶是從經費中撥錢購買的話，那麼，**不需要很高的層級就有採購決定權**。廣川就是想利用這種差異，想出更容易攻入醫院的方法。

「一般人想的都是租賃方式。但是，機器如果是借來的，一旦對機器不滿意就會想退貨，這樣的話就得償還剩餘的租金，所以，租賃的風險跟購買其實沒有兩樣。」

「但是，如果是我們借給客戶的話，公司會有財務壓力，如果中間還透過租賃公司的話，又會提高機器的價格。另外，對於醫院來說，機器不管是用買的還是用租的，簽約手續好像都一樣，看起來這條路也行不通。」

「所以，朱彼特不能用最普遍的租賃方式，最好的方法是有一種**似是而非的絕妙點子**吧？」

聽廣川這麼說，福島心裡卻舉棋不定。

「這個人真是的，老講一些天馬行空的**天方夜譚**，世界上有這麼好的事嗎？」

福島內心這麼想。

廣川話鋒一轉：

「再來說到搭配朱彼特的新型試劑，並不是價格便宜就賣得出去。舊型試劑都已經賣到五百日圓了，何況新型試劑功能這麼好。所以我覺得，當初定價應該再高一點，賣個六百、七百日圓，都很正常。」

「嚴格來說，在現在的兩百五十日圓跟舊型的五百日圓之間，我們還有很大的**策略空間可以操作**。」

「我覺得，定價比較強勢的話，客戶對商品的評價反而會比較高。」

真正的問題是什麼？

廣川將朱彼特滯銷的部分原因，歸咎於客戶的預算制度。無疑地，這是他拜訪日本國內醫療院所進行深入訪談之後，得到確認的一個大問題。

但是，滯銷的原因，應該不僅於此。

廣川認為，最大的問題應該是普羅科技事業部目前的組織架構。但是，他卻沒有跟大家說明「那個問題」究竟是什麼。

因為他覺得，即使此時此刻說明目前的組織實在不行，也對於提高朱彼特的銷售無濟於事。

然而，在廣川的腦海中，卻看出以下的問題。

根本問題

1. 業務「**領導力**」不足。
2. 銷售「**目標**」模糊。
3. 業務活動未能「**鎖定**」目標。
4. 缺乏有效的「**工具**」推銷產品。
5. 仰仗代理商的行銷方式，無法抓住「**客戶**」的心。
6. 以上情況由來已久，使業務失去「**自信**」。

以上的問題，究竟如何改善呢？是該在員工背後，嘮叨囉嗦地責罵員工、鞭策他們嗎？廣川想，這樣的話，不就跟一般的中小企業老闆沒什麼兩樣？而且，這種方法也不是長久之道。

廣川如此確信。

改善經營、再造企業，需要靠「策略」來執行。

而且，還需要具體的「方案」落實策略。

首先，制訂一個公司上下都可以理解的「簡單目標」，同時，透過一連串的「方案」做為橋梁，跨越「目標與現實的落差」，進而實現這個目標。

除非很有毅力反覆實施這種方法，不然，改造經營體質不僅耗費時間也難以持續。

為了支撐企業再造，需要在組織中醞釀「**策略意識**」，必須讓員工能夠彼此溝通、共同討論的「**策略語言**」。

普羅科技事業的員工們，真的能夠克服這六項弱點，變成即戰力超強的企業組織嗎？

廣川的談話接近尾聲。

他用簡單明瞭的方式跟大家解釋，只有在產品生命週期的初期，才有可能輕易的改變市場占有率。

「現在，如果我們投入的資金與人力能夠讓普羅產品的市占率提高百分之十，同樣的資金與人力拖到一年後，等到其他競爭品牌都進入市場之後再投入的話，那時候的市占率，可能只有百分之一而已。」

「換句話說，如果兩、三年後市占率有百分之十的話，現在趕快去做，非常有可能能夠搶下百分之五十到六十的市占率。」

「所以說，我們不能認為輸給德國化學是理所當然、天經地義的事情，管理經營的理論就是很好的證明，大家絕對不能輕言放棄。」

「我希望各位在一個月以內提出新的業務計畫，決定的事情馬上著手進行。我希望，最慢在三月時，大家在新業務方針下全力衝刺。總而言之，我們已經沒有時間了。」

確立領導地位

東鄉的現身說法

會議結束以後，廣川常董把我留在會議室。

我還以為，一定是我剛剛脫口而出的那一聲「啊？」得罪他了。

當我聽到「目標一百台」，我覺得，這根本是他的下馬威。但是，聽他繼續講下去時，我突然覺得，自己身為主管好像很失職，需要好好反省。

我一向都是跟著廣川常董一起行動。

等大家都離開以後，常董一臉正經地跟我說：

「東鄉君，接下來兩個月內，我們要訂出新的行銷策略，這個部分由你來負責。」

「好，我自己心裡也有譜，我會全力以赴。」

「問題是擬好策略之後的行動。你在企畫室幾年了？」

「我進來公司以後，前四年做業務，企畫做了七年。」

「那也夠了吧？」

「……。」

我不禁擔心起來，接下來，常董想讓我做什麼？

「老在企畫裡打轉，說一些冠冕堂皇的話，這樣會讓你的能力退化。」

「您要我做什麼呢？」

「業務經理。」

「啊？」

「我已經跟董事長報告過了。就這麼決定了。」

怎麼可能？我不禁想大喊：「拜託，我才三十三歲耶！」

常董的意思是，現在普羅科技事業部需要新的領導力。

他說，**建立組織時的鐵律就是從上面做起，主管必須以身作則**。

所以，根據理論，就是先拿我開刀。

「做為業務經理，**自己訂的方案，自己來執行**。」

「很辛苦耶！」

「這比起發號施令有意思得多喔！」

「可是我完全沒有自信。」

「你也應該為自己的未來著想，**趁著年輕時有一群部屬，背負業績責任**，這對你比較好。」

常董這句話，好像是說給他自己聽的。

如果將來想成為一位企業家，那麼，就要習慣領導群眾。這樣的經驗，愈早體會愈好。

我自己到這家公司，一個人苦惱許久以後，終於想通，**所謂真正的人才，一定要能在第一線衝鋒陷陣**。

常董這麼說了以後，最後說「反正就是由你來做就對了」。

「除了你以外，我也想趁這個時候，大力提拔一些年輕的業務，清楚畫分各地區的業務責任。」

「可是大家都跟我一樣，能力都還不夠。」

「沒關係。**鞋子即使大一點，你們也會自己湊合著穿**，就這樣吧！咦？這好像以前軍人常說的故事一樣，哈哈哈！」

邁入「思考的團體」之列

在這四個月裡，廣川觀察東鄉的行為舉止，確信他有充分的**領導統御能力**與策略意識，帶領大家打一場短期決勝的硬仗，同時，也剛好他努力想要**出人頭地**。

東鄉不僅個性爽朗，而且人緣又好。

廣川將原來統籌日本國內業務的福島課長跟東鄉對調，讓福島負責企畫。

因為廣川覺得福島的能力，也比較適合企畫。

東鄉想了一個晚上，還是下不了決心要不要接這個職位。

東鄉給人的感覺雖然很平和，但是，廣川一開始就知道東鄉絕對不會在這個時候拒絕或猶豫。

就這樣，廣川他們不分日夜的討論新的方針與組織體制，並且在錯誤摸索中調整規畫。

不管大家內心有多少疑問，他們都團結一致照著廣川說的話——「做就對了」。

這些業務員渴望有人來領導他們，應該已經很久了。

這個作業以東鄉為中心逐漸加溫，宛如在幹部中掀起一股熱潮一樣。

摸八圈、喝酒玩樂，已經不再出現。

他們幾乎每天睡在公司附近的旅館裡，就連星期天，也去廣川的家裡徵詢意見與指示。

有些點子失焦，也花了不少時間討論一些沒有結果的事。

廣川不停地詢問他們同一個問題。

「**這樣做，能贏嗎？**」

「這樣做，能贏嗎？」

「這樣做，能贏嗎？」

被這麼一問，他們都不知道該怎麼回答，也不知道該怎麼思考。

但是，這樣的程序對他們來說，是一個很新鮮的體驗。

業務以廣川與東鄉為中心，開始動起來。

每個人都熱衷工作，而且不以為苦。

他們在跌跌撞撞之中，想辦法形成一個「**思考團體**」。

有一天，東鄉在會議室裡整理當天晚上的工作內容時，東鄉太太打電話來了。

東鄉太太雖然沒有什麼重要的事，但是，聲音聽起來怪怪的。沒多久，換到東鄉的母親打電話來。原來，她們懷疑東鄉有外遇。

【圖表4-1】

方案一：加值方案

〔目的〕 讓醫院對朱彼特的初期投資為零，以提高採購台數。同時，確保機器費用（指含利潤的售價）百分之百完全回收，增加檢驗試劑的銷路，達到三贏的目的。

〔內容〕

1. 首先，把朱彼特機器免費出貨給客戶。
2. 檢驗試劑售價一瓶250日圓，免費使用機器的客戶，另以加值方案搭售檢驗試劑（也就是說，免費使用機器，但是購買試劑耗材）。

   定價：

   原來試劑售價：一瓶250日圓
   加值方案售價：一瓶420日圓

   加值方案的新型試劑售價一瓶420日圓，低於舊型試劑售價一瓶500日圓，具有價格競爭力。
3. 當客戶採購加值方案的試劑，足以付清機器的貨款時，朱彼特就歸醫院所有。
4. 以每個月受理九百次檢驗業務的醫院為例，如果朱彼特基本機型降價百分之十，十八個月以內就可以擁有朱彼特。而檢驗件數愈多，醫院就能愈快擁有機器；相反地，檢驗件數愈少，就會愈慢回本。

5. 當機器費用回本後，檢驗試劑就恢復原價（一瓶250日圓）。

6. 機器交貨時，附上與機器貨款等值的試劑套票，當醫院訂購試劑時，就撕下套票交給普羅科技的業務。
   當套票用完時，表示已經抵清貨款，朱彼特歸醫院所有，客戶訂購試劑的意願會更高。

7. 對於選購比較昂貴自動化機器的客戶來說，必須採購更多的試劑才能回本。但是，只要醫院檢驗件數多、試劑用量足夠的話，大概十六個月就可以擁有機器。

8. 在公司資金壓力的部分，因為每個月都會有貨款進帳，最後會連同營業利潤完全回收，因此沒有財務上的問題（只看機器成本的話，約幾個月即可回收）。

〔實施日期〕　訂於二月二十日的業務會議中發表。

這個方案應該可行

大家的表情突然開朗。

【圖表4-2】

方案二：變更組織

〔目的〕 讓所有業務參與朱彼特推廣活動，同時擴大各地市場。

〔內容〕 1. 廢除業務專員制度，由全國的業務負責推廣並促銷朱彼特。

2. 強化地方的推廣業務。

仙台：增加一名業務

札幌：設立營業所，配置一名業務。

〔實施日期〕 1. 二月一日。

2. 仙台三月、札幌四月。

共計業務人數為二十四名。

業務據點包括以下七處：札幌、仙台、東京、名古屋、大阪、廣島、福岡

以上方案推翻美國普羅科技一年前的提議，大家一致認為這個方案較佳。

這樣比較適合小型的業務組織

如何打破這個僵局？

【圖表4-3】

方案三：機器直銷制度

〔目的〕 培養普羅科技業務員的業務能力。

〔內容〕
1. 由公司直接銷售朱彼特。但是，為了持續與關東商事的合作關係，檢驗試劑依照原來的通路銷售。
2. 免費進貨給客戶的資金與回收風險全由公司負擔，因此，機器必須由公司直接管理。

〔實施日期〕 從一月起與關東商事交涉。
這是一個相當重大的決定。如果過程不順利的話，勢必影響雙方交情。如何完成任務？目前仍是個難題。務必謹慎處理，以免引發事端。

【圖表4-4】

方案四：準備促銷工具

〔目的〕 朱彼特的功能較為複雜，無法只靠口頭說明拓展業績。除此之外，也有必要舉辦展售會或活動，以炒熱銷售氣氛。

〔內容〕 1. 促銷文宣
- 產品目錄
- 使用手冊
- 簡介海報
- 文獻影印
- 公司介紹（重做）

2. 促銷方案
- 舉辦研討會
- 參加學會展覽
- 邀請海外專家舉辦演講等

〔實施日期〕 先訂下優先順序再著手進行，促銷文宣自三月起陸續完成，四月前需全部備齊，促銷方案預計從五月起積極推行。

以上文宣品不惜成本，務求最好的質感

【圖表4-5】

方案五：製作「企畫書」

〔目的〕 以企畫書點出促銷文宣的重點。用文字說明朱彼特的優點，提供各醫院負責人參考。

〔內容〕
1. 由具電腦廠商經驗的業務員所提議。藉由淺顯易懂的文宣、一目了然的介紹，即使沒有業務員在一旁說明，客戶也能自己讀得懂。
2. 瞄準醫院高階主管，針對已經購入朱彼特的現有客戶，文宣內容以強調朱彼特對於醫院獲利的幫助為主（不同於一般的產品簡介）。內容盡量做到根據不同醫院營運數據進行說明的程度。
3. 文宣品質務求最高質感、製作精美，以防客戶隨手丟棄。

〔實施日期〕 新策略實施後兩、三個月內著手進行。企畫案的提出時間相當重要。切忌太早或過遲。另外，必須一一確認呈送對象。

對於業務員來說，這是很有新鮮感的切入點。

【圖表4-6】

方案六：業務獎勵

〔目的〕 針對推廣有功之業務提供業務獎勵。

〔內容〕 1. 獎金

● 業務每賣出一台機器，即可領取幾萬日圓銷售獎金

2. 年度獎勵

● 業績第一名的業務員，派往美國總公司研習（回程經夏威夷）

〔實施日期〕 於三月的業務會議中發表。

由於公司原本並沒有銷售獎金制度，因此，大家反應極佳。甚至有人表示：「最好公司可以直接給我現金，千萬不要匯入銀行薪水帳戶，這樣才可以瞞著我老婆藏私房錢。」引來大家一陣爆笑。

這二項可能引起公司內部反彈

因為，東鄉太太自從結婚以來，從來沒看過東鄉為工作廢寢忘食到夜不歸營的地步。東鄉太太百思不得其解，只好向婆婆求救。

對於做母親的來說，不管孩子幾歲，永遠是個孩子。所以，東鄉的母親這麼告訴媳婦：「對啊！是有點奇怪。這孩子從小也不大認真讀書，這麼認真工作，的確是有點奇怪。」

事實上，這群年輕員工都是用「打造一家新公司」的心情，竭力思索朱彼特的策略。於是，新的政策從二月初到三月陸續推出。

人性的試煉——內部糾葛衝突

在這二個月中，以極為瘋狂的速度完成新的策略。

但是，這些策略尚未推行，大家都在想「這麼做，到底能夠賣出幾台？」。其實，廣川自己也沒有十足把握。

但是，面對新的制度，東鄉或福島等人渾身是勁，按耐不住對於**改革的渴望**，擋都擋不住。連廣川都覺得，說不定他們真的能搞出什麼名堂來。

但是，廣川的這些計畫正對新日本醫療的內外部掀起了一些風波。

不論是廣川或是他的同事，這二個月來的每一天，都過得很緊張。

首先，**業務員的銷售獎金**已經引起其他部門不滿。尤其是總務部的大井經理以及醫療機器事業部的川原業務經理極力反對。

這兩人並非對於廣川個人不滿。事實上，他們一直都站在廣川這一邊。

整體來說，他們的想法是，如果只給業務員銷售獎金，對於內勤人員無法交代。即使發放獎金，也應該依照小組而不是個人，這樣一來，小組成員又會有分配不均的問題。

這個問題，確實與公司整體有關。

廣川雖然曾向社長兼董事長的小野寺建議，讓所有業務都享有這個銷售獎金的制度。但是，如何支付獎金，則由各個事業部自行決定。因為他認為，業務獎金本來就該視不同情況，由各部門自行規畫。而且，廣川也不贊成將銷售獎金擴充到不相關的部門。

小野寺支持廣川的想法，並且成功的整合公司內部的意見。

他跟大家說，那些什麼事情都講究整齊畫一的大公司，一旦發生事情就不知道如何應變，像我們這樣的小型企業，當然是愈努力的人應該賺得愈多，我們不需要那些莫名其妙、齊頭式的假平等。

其次，會計部的早川經理則對加值方案所帶來的資金壓力表示反對。他認為，無法保證一定可以回收貨款。

廣川雖然不想在公司內部樹敵，但是，他覺得這個說法實在不合情理。

這個方案讓公司在幾個月內就可以收回機器的成本，比起客戶給的支票穩當多了。

也有人擔心**稅務問題**。

他們的說法是，醫院進貨的機器在完全付清以前，都還算是新日本醫療的資產，但是，實際上卻由醫院管理。所以，對於稅務單位來說，當機器交給客戶時就視為完成交易了，不是嗎？

因此，這些人反對加值方案。

稅務問題確實值得檢討。但是，如果與客戶簽署買賣契約，註明在貨款付清以前，機器屬於公司所有就沒有問題了，因此，這個討論就此結束。

另外，還發生一個廣川沒有預料到的問題。

當某家代理商聽到這個方案時，詢問所謂加值方案不就等於「免費提供（捐贈）」嗎？

其實，這是一個天大的誤解。

加值方案的用意，是要能百分之百回收機器的貨款。

而且，還是連同公司利潤在內的金額。

因此，廣川他們才會以加值方案，希望提供機器以及搭售試劑，希望在取得客戶的理解下，讓客戶付清貨款。

普羅科技事業部這個方案的訣竅，在於讓客戶在不用付費的情況下先進貨，而他們又可以穩當的收回機器貨款。

機器使用頻率愈高，客戶就能夠愈快擁有，相反地，用得愈少就愈慢，這是一個**簡單易懂的原理**。

加值方案的試劑售價比舊型試劑稍微便宜，客戶不會因為價格而猶豫。

廣川這一招，是「好好地」運用大家說的「我們的價格，還有『很大的』調整空間」這句話。

貨款的回收，對於客戶來說即使需要十八個月，但是，對於普羅科技來說，因為回收的是機器的成本，所以只要幾個月即可。其實，財務風險並不如外界想像般的那麼高。

但是，從外界的眼光來看，加值方案簡直就像將機器免費提供給客戶一樣。廣川卻想，如果只是免費提供商品的話，就不需要業務了，隨便找個三歲小孩也會做啊！

東鄉等人絞盡腦汁的策略發想，其實隱藏一些訣竅，並不是隨便想想，將機器免費提供給客戶這樣簡單的原理。

逼宮——與老會長直接談判

新日本醫療與關東商事的合作關係長達十年，小野寺董事長相當擔心交涉結果。他雖然沒有反對廣川的方針，但是，他交代廣川，身段務必放低、態度要更柔軟。

廣川也不希望跟關東商事鬧得不愉快。

第一，他根本沒時間節外生枝。

廣川深思熟慮之後，決定跟老會長建議「只有朱彼特讓新日本醫療自己來銷售」。

廣川的想法是，檢驗試劑的營業利益比較長遠，這個部分可以仍舊委託關東商事行銷。但是，朱彼特的角色等於也是幫助新型試劑拓展市場，所以，機器由新日本醫療直接銷售。

小野寺也同意這種看法。

能夠將朱彼特視為一種商業的配角，是廣川他們一種策略上的切割。

對於新來乍到的廣川來說，去跟關東商事的老臣交涉，是一件苦差事。

但是，廣川認為「普羅科技的未來，端看如何處理這件事情」。

來到攸關公司未來命運的決勝點，如果普羅科技的業務自己銷售，就必須直接面對客戶，他確信，如果貨款沒辦法回收的話，業務員就無法培養自己真正的實力。

因此，這個交涉對於廣川來說，只許成功不許失敗。

但是，他也擔心關東商事會不會因為這個交涉，從此一刀兩斷，中止兩家的合作關係。

經過幾次的交涉，雙方出現一些摩擦。因此，交涉停頓了一段時間。

就在此時，負責談判的高層不經意地說：

「廣川先生，這件事情已經不是我們董事長可以決定的範圍了。依我的建議，還是要跟上面請示。」

關東商事真正的決定權，握在創辦人的老會長身上。這位高層指出這個關鍵，算是給廣川一個暗示。

下定決心以後，二月的某個星期天，廣川單槍匹馬拜訪老會長位於湘南（按：東京郊外，靠近鎌倉的沿海地區）的住宅。

廣川事先做了一些調查，希望能在不傷及那位給他暗示的高層，以及關東商事董事長的面子為前提，跟最上面的會長進行一對一的談話，打開僵局。

拜訪的前一天，日本關東地區剛好下雪，當天雖然晴空萬里，卻颳起冷冽徹骨的北風。

廣川帶著伴手禮，走在湘南丘陵的步道上。老實說，他一個人要去拜訪從未謀面的會長，心裡倒是有點七上八下，但是，這個角色非他莫屬。

如果事情不如預期般順利，最後就得請小野寺董事長**收拾善後**。他們兩人已經預設可能發生的狀況，所以，決定由廣川出馬先攻，再由小野寺**守陣備戰**。就如同日本的對口相聲一樣，兩個人當中，必定有一個人伶牙俐齒（攻）、一個人裝傻充楞（受），雙方一搭一唱。因此，這一次，只能廣川自己單獨拜訪。

而且廣川也沒有理由示弱。因為，這一切都是他自己規畫出來的，也就是說他是這整件事的操盤手。

老會長的家看起來有點老舊，當天天氣不錯，但室內卻稍嫌陰暗。

老會長與廣川各自肩負自己公司的重擔，對峙著。

「這件事我全聽說了。但是，廣川先生，您知道長期以來，我們關東商事多麼努力推廣普羅科技的產品嗎？」

「會長，我的意思，並不是要中止跟貴公司的合作關係。」

「這只是早晚的事罷了。像這樣的事，我們公司不曉得被騙過幾次了。」

兩人的談話完全沒有交集。

老會長的年齡比廣川長了一倍以上，可以當廣川的父親了。

廣川耐心解釋，新日本醫療真正用意是拓展朱彼特的市場，如果朱彼特賣得好，對關東商事利多於弊。

廣川說：

「會長，我可以跟您保證，只要我在新日本醫療服務的一天，絕對不會中止跟貴公司的合作關係。」

聽完以後，老會長的態度明顯軟化了。

「聽說你以前在第一鋼鐵？」

「是的，因緣際會，讓我有機會來這裡為大家服務。」

「你在第一鋼鐵時，大概很特立獨行吧？」

「還好，沒那麼嚴重啦，第一鋼鐵的人，也都滿有意思的。」

「優秀的人才都被第一鋼鐵這樣的大公司給霸占了，這也可以說是日本社會的一種罪惡吧？」

說完以後，老會長陷入沉思。

不一會兒，他終於張開雙眼，直視廣川並且說：

「我知道了。廣川先生，從今以後，我們公司那些後生晚輩，也要請你多多照顧。」

就這樣，廣川終於取得關東商事的首肯。

【三枝匡的策略筆記】

策略首重簡單明瞭

以第一路線為目標

廣川加快腳步督促普羅科技事業部脫離第三路線，轉向第一路線前進。

如我開頭所言，本書個案中的人物雖然全屬杜撰，但是與策略理論相關的所有重要事項全部根據事實陳述。

比方說，廣川先拋出一百台的銷售目標為話題、業務們團結起來想出新的策略，或者是這些策略方案的內容、與關東商事老會長的溝通、組織內部的衝突等所有與新策略相關者都是實際發生的狀況。接下來我將介紹的後續發展，如銷售目標的件數、實際銷售台數或者市占率的變化等數字也都還原事實。

除此之外，像是東鄉因為過度投入工作，遭受家人懷疑是否有外遇，也是真實發生的事。

案例的時間演變，也是根據事實鋪陳。廣川從接手普羅科技事業部到提出新的策略為止，與實際個案一樣是六個月。本書發展至此，正是案例經過四個月之時。

接下來，我整理一下廣川在四個月內，針對策略規畫所做的流程。

1. 決定工作的先後順序

首先，廣川從公司整體的觀點，來確認改善普羅科技事業部應有的動作。因為他知道，經營高層的時間，是相當寶貴的經營資源。

2. 俯瞰整體市場

廣川對於普羅科技的整體市場有大略的了解——這個市場約有二千億日圓的規模，成長率百分之十，沒有強勁的競爭對手。他認為，這是一個可以讓新日本醫療一飛沖天的業界。

3. 篩選策略產品

廣川將市場依產品類別分類，明確區分成長商品與滯銷商品。經過分類以後，他判斷A產品群是今後事業部的策略發展所在，而且朱彼特是拓展市場的關鍵。他彙整產品生命週期（product life cycle）與市占率等資訊後，發覺現在正是策略性利用朱彼特的最佳時機。

4.確認產品差異化能力

廣川在評估技術與產品以後，確認朱彼特是功能相當傑出的醫療檢驗機器。同時操作方便、技術先進，這是其他競爭品牌短期之內難以擁有的技術。另外，從產品面也看不出任何負面因素，因此，廣川研判產品本身並沒有賣不出去的問題。從第三者的觀點來看，廣川會得出這樣的結果也是理所當然的。然而，要漠視同仁們的抱怨或批評的態度，簡短有力回答：「這是一個很好的產品，賣不出去，那是你們自己的問題。」這需要有相當的魄力，才能說得出口。

5.確認價格與盈利結構

廣川對照市場的競爭狀況以後，知道過去一年內朱彼特售價的價格結構並非影響銷售的因素。與舊型產品相比，價格上也毫不遜色，甚至可以說利潤相當可觀。

6.制訂策略邏輯

廣川透過拜訪客戶不斷摸索策略推展所遇到的瓶頸，進而找出競爭公司的業務模式。藉由這個過程，他研判目前價格過低，真正的問題在於如何突破客戶的採購體系。而且，廣川努力不懈想辦法尋找各種方法，突破這個看起來無解的因素。

7.組織的優缺點

接下來，廣川注意的重點是業務與客戶接觸不夠的問題。普羅科技的業務士氣普遍低迷。然而，從客戶的訪談中，廣川卻不覺得他們的素質比德國化學的業務來得差。

廣川心想，普羅科技的員工都是一群好好先生，如果能夠有一位強勢的主管，給他們一個目標、凝聚大家的向心力，應該可以團結合作、群策群力。他已經看出，如果無法在業務員之間掀起一股自我改造的狂熱，不論有多麼好的策略，也是徒勞無功。

從業務與客戶接觸不足的問題來看，廣川得出一個大膽的結論，一定要改成直銷制度，否則無法培養優秀的業務人才。

他知道，如果錯失這次改造的機會，這家公司就永無翻身之日。

8.鎖定市場目標

根據調查，日本國內的銷售目標約有一千家。廣川心想，如果是這種規模，應該可以用分別擊破的方式速戰速決。而且這也間接保證直銷制度的可行性。

9.落實策略的執行時程

對於廣川來說，他最多只有一年的時間來推行策略。德國化學正緊鑼密鼓的在後面追趕，日本國內的廠商在一年內也可能推出類似的產品。在這樣的時間限制下，需要摸索出最有效的策略。這個時程的設定，將影響整個專案的作業速度。

10.價值觀的「混淆」

當策略邏輯某種程度底定以後，廣川自己開始先從部屬開刀。他否定傳統方式，並且顛覆以往的價值觀，做為他用新策略整合組織的第一步。然而，站在領導者的立場，這也是一個最危險的時期。他與小野寺董事長頻繁聯絡，因為他知道，如果缺乏經營高層的監督，組織就無法從上而下貫徹，甚至連橫向溝通產生的不協調，都可能因此擴大。

11.新策略與實施方案

廣川一邊整合公司內部搖擺不定的價值觀，一邊擬定新的策略，並且落實成具體的實施方案。廣川用大綱條列策略重點，但是，執行層面則採二階段的方式由部下參與規畫推行方案。

在事後整理時，廣川當時雖然覺得所有事情都順利依次進行，但是，這些事情都是他絞盡腦汁、親自確認，並且不斷思索修正得來的。這個過程的重點就在於他抓住「競爭」與「鎖定市場」這二個觀點審視所有項目。

然而，這些結論是否正確尚無一個定論。廣川等人即將步入最讓他們忐忑不安的階段。

策略的可行性

如果說美國商研所畢業的ＭＢＡ們都是根據理論做合理判斷，這是違背事實的說法。美國不乏由ＭＢＡ經營卻關門大吉的公司，就如同很多人善於提供別人管理顧問服務，但是，自己當起老闆來卻一竅不通一樣。

企業策略的擬定過程，是一種相當注重理論與分析的作業。因此，只要擅長這種分析手法，即使沒有什麼實務經驗，也能夠在這個領域有所發揮。

這也就是為什麼提供策略的管理顧問公司中，會有一些三十歲上下的菁英分子，顯得不可一世的模樣；或者，有些企管專家即使沒有實務經驗，只要頂著ＭＢＡ的光環，就能與經營者促膝長談的原因。

就這個意義來說，廣川也算是個優秀的人才。

但是，這也僅限於策略的分析與擬定。

那些講究邏輯、累積正確推演方式的人所建構的策略，並不一定對企業有用。我看過某些大企業重金禮聘知名的管理顧問，但是，他們所研擬的事業策略卻無法落實執行，造成公司的幹部陷入困境。到頭來，這些人反而是亂源，他們擬定的事業策略成為阻礙事業發展的罪魁禍首。

有些個案則是誤以為制訂出策略計畫之後就大功告成。有些人則是過度膨脹「事業計畫」的功效。例如我們可以看到負責人將失敗的原因，全部歸咎於計畫的奇怪現象。

一個企業所訂定的事業策略，不論如何符合邏輯、頭頭是道，一旦無法落實執行，這項策略就只是一個玩具，所有花出去的費用簡直是肉包子打狗，有去無回。這樣的策略即使勉強實施，也一定是百害而無一利。有時還可能繞一大圈，造成無法彌補的損失。因此，事業策略需要配合企業的組織能力。

然而，這並不表示要和現實妥協，一個成功的策略應該兼顧公司的體質與體力，首先應該「鎖定」戰場，然後將公司內部的能量「集中」在這個戰場上。雖然這個「集中」能量、落實執行的做法，必定讓組織感到「勉強」或「不安」。

因此，如果沒有某種程度的強迫，就無法造就一個像樣的策略。那些一開始就讓公司內部大多數人感到心安理得的策略，彷彿就像耳邊響起競爭對手正在開懷大笑的笑聲一樣。

相反地，如果把餅畫得太大，搞不清楚「戰場」在哪裡的話，企業就無法達到策略的目的。因為戰場太大，所以需要「集中」。當一家公司給外界的感覺像是一盤散沙，缺乏領導力或做事拖拖拉拉，但大家都還相信公司的策略可行時，那麼耳邊應該又會響起競爭對手的開懷笑聲。

讓組織天翻地覆

在第三章裡，我曾突兀地要求各位為朱彼特的銷售台數訂一個目標。為什麼我會提出這種問題呢？我想大家都應該已經知道原因了。

當一家公司的士氣低迷，或者不習慣引進新產品，但又要根據今年的業績預測明年的銷售量時，該如何是好呢？

普羅科技的業務團隊在這一年內賣出九台朱彼特。在廣川調來這家公司以前，這個成績算是「還不錯」的，所以在用同樣的感覺預測下一個年度的業績時，需要事先知道大家所預設的數字。

如果把「根據實績規畫」這個詞換句話說，就是根據過去的實際業績或經驗預測未來的業績，也就是一種「身為贏家必須具備的邏輯」。相反地，如果輸家維持一貫的想法去預測未來的話，當然不可能引起驚天動地的逆轉勝。

為了克服這種困境，因此需要另外一種方法，也就是「以目標為主的規畫」。換句話說，不管可不可能實現，先設定一個目標，提出「非做不可、不做不行」的一個數字底線。比方說，要有類似「競爭對手做到這樣，所以我們至少要賣多少，不然就是輸了」這種想法。

這種做法，需要有「強勢領導者」領軍才能行得通。對於新日本醫療來說，無疑地，必須由廣川出馬扮演這個角色。

在美國的企業策略理論中，「組織」都是跟著「策略」行事；然而，對於注重組織策略理論的日本來說，特別是那些成功大企業，則是「組織」高於「策略」，而且還是組織中的各種等級共同參與並規畫策略。不過，我卻對此抱持保留的態度。

一橋大學野中郁次郎教授曾說，當組織中開始「動搖」，而且在內部逐漸擴大，等到超過一定的臨界點（critical point）時，就會產生「自我超越」的現象，變成一種「組織的進化」。引起這種動搖的因素有很多，比方說，「領導力」或是「設定高一點的挑戰目標，也是自我超越的手段之一」。利用這些方法，企業就能夠做到典範轉移（摘自野中郁次郎《企業進化論》）。（按：典範轉移〔Paradigm Shift〕：一九六二年，由美國社會學家湯馬斯．孔恩（Thomas S. Kuhn）提出，說明科學演進的過程不是演化而是革命。應用於管理上，指的是拋除舊有思維才能有全新的思考。）

當廣川否定大家長期以來的表現，親口說出「為了改變大家的『想法』，我在『不得已』的情況之下，訂出這個挑戰的目標」。如果我們將這個行動想成「動搖」「自我超越」或者「典範轉移」時，就會感覺到自己好像在成就什麼大事一樣。

平心而論，我對於學問所衍生出來的辭彙相當折服，比方說，「動搖」這個日文漢字的用途極廣，可以說成「混沌（chaos）」「危機感」「布朗運動」（Brownian Motion）（按：英國植物學家勞伯布朗所發現的一種隨機移動現象。）「隨機（randomness）」「統計偏差」或「損耗」等理性層面的用語；甚至，還可以視不同的情境或場合，也可以說成「不穩固」「不堅定」「悠閒」「抖動」「搖晃」「反抗」「暗地行事」「迷惘」「搗蛋」「享樂」「餘裕」等比較感性層面的用詞連結。

的確，當經營者想為組織注入活力時，會在與這些用詞接近的問題中打轉。我前面所提到的「組織的不穩定性」也是其中之一。

然而，野中教授也進一步闡述，讓這樣的「組織論」走在「策略」前面無法讓人信服的論點。受到懷疑「動搖」的組織理論，是否能夠成為經營者的實用工具，我覺得就目前來說，與策略理論的工具相較，還是有天壤之別。

因為，當我們事後分析時，任誰都會知道對於卓越企業而言，組織的「動搖」絕對扮演關鍵角色。然而，除非卓越企業開始「動搖」，否則，就不可能輕而易舉邁向從A到A⁺的康莊大道。

即使是「組織」的地位高於「策略」的日本企業，大都也在第二路線或第三路線附近備受煎熬，對於日本大多數的經營者而言，如果目標不夠明確的話，很難在組織內引起「動搖」也是一種事實，而且即使翻遍所有提倡這種說法的書籍，也找不出有策略實戰價值的方法或理論。

對於廣川而言，當務之急是在公司內部清楚明白地宣示策略目標。然後，在研擬策略的過程中，同時進行組織再造，這就是他的方法。

弭平落差的策略

「以目標為主的規畫」，強迫員工與經營者陷入亢奮（緊張）狀態。因為，如果在沒有什麼了不起的根據下，只是基於競爭環境或經營者的野心，訂定一個數字的話，這些數字大多會與事實脫鉤。

當我們掀起面紗，就會發現實際業績與訂出的目標數字差一大截，然後事情無疾而終，結果大家開始退縮，或者互相推卸責任，指責原先的目標本身就有問題。

當這個失敗反覆循環，整個組織就會變得意興闌珊，一旦高層再說些什麼，部屬就會想：「又來這招了」，再也無法相信高層主管。

上述狀況的發生原因，可以歸納幾個原因：

1. 高層的野心太大或太自私，把成功的門檻設定太高。或者，高層備受競爭壓力過於焦慮，強迫部屬往前衝刺。
2. 高層的思慮不夠縝密，缺乏「以具體策略弭平目標與事實的落差」，造成高層獨斷獨行、員工陷入欲振乏力的模式。
3. 幹部或中階主管缺乏創意，缺乏想出弭平「目標與現實之間落差」的能力。嚴格來說，這也是高層的責任。一般員工長期以來沒有被賦予這樣的責任，即使臨時要求他們想出對策，這些人也不可能立刻想得出來。

當提出的目標與組織的力量有落差時，是因為制訂目標的方法有誤所引起。

「以目標為主的規畫」，最重要的就是想出新的策略，以弭平目標與組織力量之間的落差。比起提出目標數字，想出策略才是真正的目的。

此外，當認為提出的策略可行的話，就應該依此確定目標。如果對策略的成效質疑時，就應該進一步思考更有效的策略；遇到時間緊促時，就應該降低目標的標準再開始行動。如果組織中在思考策略時無法如此貫徹時，將只會引發後遺症，而達不到任何效果。

「策略領導者」的實戰條件

當你跟廣川一樣喊出這樣高的營業目標時，就有責任提出新的行銷策略。如果無法負起所有責任的話，那麼你就是一個只會吹牛卻不負責任的上司。

那麼，你要如何才能負起所有責任呢？為了讓「以目標為主的規畫」成功，身為指揮官的你，必須具備以下條件：

1. 身為高層，要有發揮強勢領導力的心理準備。說明為什麼你所設定的目標非得成功不可，並且說服部下、鼓舞士氣、激發創意，展現「一起思考的豪情、並肩作戰的雄心」。

2.當熟悉新策略的研擬程序以後，根據各個步驟確認每一個可能的選項，同時身為責任者的你，應該「巨細靡遺」深入探究。

3.如果新的策略屬於空前未有的領域，應該具備一點冒險精神，也要有「天塌了，有地頂著」的氣概。

以上就是「策略領導者」應該具備的實戰條件。做為一位好的策略領導者，既是領導者也是智庫，身兼統帥與軍師的角色，是一件相當辛苦的事。

策略力求簡單明瞭

就我自己的經驗而言，一般好的經營策略都是簡單明快的。相反地，內容過於複雜，需要費事解釋的策略大多不行；所謂「不行」，是指效果不好。

一個好的策略，應該要淺顯易懂到這個程度——下班回家一邊吃晚飯，一邊說給孩子聽，而且，他們都還聽得懂。不好的策略則是——身經百戰的業務員，花一整天開會簡報，也說不出個所以然。

事實上，我們也可以在業務員的身上看到同樣的現象。當推銷的產品夠好時，業務通常兩三句就可以講完。相反地，花費許多時間解釋半天都還說不清楚的產品，大概都不怎麼樣——所謂「不怎麼樣」，是指賣不出去的產品。

產品市場運作的速度比產品生命週期（product life cycle）更快，這個業界所推出的新產品就愈不容易解釋，並且逐漸縮小同業間的競爭優勢，最後演變成些微差異，卻需要費盡口舌才能說清楚、講明白。

就如同以前錄影機剛開始推出的時候一樣，業務們只要說「這個機器就像把電視裡的影像錄在錄音機裡一樣」，就能讓大家覺得不可思議。這種說明，就連左鄰右舍的小孩都聽得懂。但是，換成現在的話，機器複雜到連一些電器行的店員自己都摸不著頭緒。在功能如此複雜的情況下，單一機種的市占率就可以想見一般了。

這種現象我們也可以逆向思考。當一個產品的功能可以說明得愈簡單，就愈有可能席捲市場。同理可證，愈簡單的策略就愈有可能獨占市場。

當然，有時產品也可能受限於生命週期而無法再精簡下去。然而，各位所想出的策略，如果會讓原本的策略更加複雜的話，那麼這個策略就有待商榷。

再過不久，廣川與東鄉等人，就要發動攻擊了。

他們所研擬的策略，簡單明瞭嗎？

鎖定的市場目標，明確嗎？

第五章

衝鋒陷陣、直搗黃龍

臨門一腳

在推廣新的加值方案以前，廣川常董、東鄉經理與他們的部屬們，正在做最後的努力。自從去年九月，廣川負責普羅科技事業部以來，這個部門在這五個月內所歷經的變化之大，簡直難以想像。

特別是這二個月，大家的態度開始變得積極，老實說，把廣川嚇了一大跳。公司內部開始展現活力，顯得生氣蓬勃。

這當然要歸功於這些同事們的本性善良。

這個事業部形成一種氛圍，每個人都努力的去了解新的業務方針，同時**反映在行動**上。不可思議的是，雖然他們還沒有具體的推動新方案，但是，市場上朱彼特的詢問度已經提高了。

這可能是因為廣川就任以來，不斷要求擴大朱彼特的市場，提高大家的意識，所以才有的結果。

到目前為止的策略作業，讓廣川感受到公司原有的那一股陰霾，正逐漸煙消雲散。

●以東鄉經理為主，持續確立業務組織之「領導力」；
●銷售「目標」明確；
●有利於業務活動的「道具」齊備；
●利用朱彼特之直銷制度建立與「客戶」直接交易的模式；
●實施「獎金」制度，賞罰分明。

然而，廣川覺得他還有一個策略上亟需解決的問題。

廣川把東鄉與福島找來，說道：

「我們漏掉了一件重要的事情。」

他倆一臉狐疑，心想，策略都已經做到這樣了，如果說還疏忽了什麼，一時半刻也想不起來。

「你們兩人應該都同意，我們將客戶群鎖定在有兩百張病床以上的大醫院吧？」

「是的，這種規模的醫院，日本全國總共有九百六十八家。」

另外，一百家檢驗中心也列入客戶名單。所謂檢驗中心，是指受理醫院的委託，代替醫院進行臨床檢驗室的業務。

如果把二者相加，朱彼特的推廣對象全部有一千零六十八家。

「你們也同意，我們今年一定要打進市場吧？」

「是的，推廣時期最多只有十個月。如果德國化學提早推出競爭產品的話，這個時間會更短。」

「就是這個問題。如果你們就這樣開始去衝的話，會有漏洞。」

接下來，廣川開始解釋他的看法。

「現在，朱彼特改為直銷模式，所以，只有我們自己的業務負責行銷。已經沒有人會來救我們。你們想想，只有二十四名的業務團隊，怎麼可能在短短幾個月內密集跟客戶接觸呢？」

「啊？是這樣沒錯。」

他倆心想，現在才說，不會自相矛盾嗎？我們本來就沒有想過可以贏的啊……。

「朱彼特不是一般的產品。正常來說，要打進一個客戶至少都要花費一年以上了，何況，要一次將一千零六十八家一網打盡。而且還是用業界都沒有聽說過的加值方式。」

這些事情一開始就知道了啊。

「問題就在這裡。你們覺得現在要怎麼做才能提高效率？」

東鄉怯怯地回答：

「從最好攻的客戶開始接觸。」

鎖定攻擊目標

廣川一副「我就知道你會這麼說」的表情，說：

「你**這種想法非常危險**。」

「……。」

廣川接著說：

「從經營層面來看，最容易成交的客戶，並不等於我們最想獲得的客戶。」

東鄉心想，常董的意思是說，他以前提過的競食效果（cannibalization）嗎？

「問題不只如此，業務員是怎麼判斷客戶『好不好推銷』的呢？」

「各個地方的客戶狀況業務自己最清楚。所以，我想他們應該可以自己篩選要從哪些客戶開始接觸。」

廣川急忙喊停說，稍安勿躁。

這一點，就是問題的核心了。

如果這種做法可行的話，為什麼我們苦追不上德國化學呢？德國化學的業務有藥品的管道，在跟醫師的接觸方面比較強，而普羅科技在這一方面相對弱勢。就策略的意義來說，可以解釋為因為德國化學在大醫院或主要醫院上比較厲害，所以，普羅科技才會被逼到中小醫院的市場。

總而言之，相對來說普羅科技目前的重要客戶本來就對朱彼特不大有興趣。面對這樣的狀況，即使業務們再怎麼東奔西走，也絕對不可能霸占市場。如果不去處理這個問題的話，很可能會陷入這個泥淖，而且不斷重複。

廣川如此深信——

一個有計畫性且成效佳的市場策略，常常與**業務長期以來的常識或習性相反**。因此，一個新的產品的市場策略需要由業務部的高層研擬，想出業務無法想出的內容。同時，如果這個策略有它的必要性，那麼即使違背業務們長期以來的習性，也應該徹底打破向前邁進。

但是到底應該一意孤行還是彈性因應，則是經營者應該下的重要判斷。

目前，顯而易見的廣川想打破普羅科技的業務長期以來的習性，並且要求東鄉與福島負責。

廣川接著說：

「首先，不要讓業務自己決定搶攻目標客戶。當然，有時候有需要這麼做。但是，這次絕對不行。」

如果不這樣做的話，就變成把普羅科技的舊型試劑換成朱彼特而已。

但是，這一次市場爭奪戰的型態卻不是瓜分同一個醫院的業績。而是一個醫院的訂單贏者全拿或輸家全失，是一場一翻兩瞪眼（all or nothing）的戰爭。

「一旦出現問題的話，這筆生意就得再等好幾年了。何況，我們這次還有時間壓力。所以，如果不能**依循策略從重要客戶開始依序進攻**的話，就會因為**時間不夠而出局**。」

看來，廣川已經準備跟德國化學正面對決，直接切入他們的市場。這種做法，也很符合廣川的理念。

「所以，我要每一位業務清楚的知道**對手是誰？戰場在哪裡？**而且，只靠你們的口頭督導，根本不夠。」

這時，福島插嘴問：

「您的意思是說，把業務方針寫下來給大家看嗎？」

「抽象化的方針是不行的。我要每個業務都有一張具體的客戶名單，讓他們從早到晚，不管睡覺或醒著都要清楚知道，攻城掠地的對象在哪裡。」

東鄉與福島一副似懂非懂的樣子。

究竟要怎麼做才行呢？

因為要將一千家以上的客戶，一個個分門別類是一件浩大的工程。

廣川一副理所當然的表情繼續說：

「在策略理論中，有所謂的市場區隔（segmentation）。我想將這個概念應用在這次業務活動的規畫上。雖然我也還沒有實際用過，這還第一次嘗試。」

廣川自己也沒有什麼信心的樣子。

市場區隔

要將一千零六十八家的客戶區分成普羅科技的現有客戶，還是其他競爭對手的客戶並不困難。這樣的資訊這些業務都還能夠掌握。

然而，廣川卻認為這樣還不夠。

「首先，我要你們先將對朱彼特的推銷**比較有反應的客戶以及不大有反應**的客戶區分出來。」

廣川用正統的方法試圖區隔市場。

「要用什麼標準來區分呢？」

東鄉的問題，讓廣川笑了出來，說：

「如果我知道，一定搶先報。當我們找到答案的時候，就達到區隔策略的目的了。」

福島接著問：

「當我們去推銷朱彼特的時候，每一個客戶的需求都不一樣吧？」

「對，就是這樣。比方說，有些人可能對加值方式有興趣，有些人沒有，或者有些客戶認為G物質的自動化檢驗是一個訴求重點，對有些人來說不是。用哪一個觀點來區分客戶，將會影響市場地圖的型態。」

廣川的意思是，在企業策略中，沒有其它的概念像市場區隔這樣需要高度創意的。能夠在競爭對手尚未察覺時，能夠**創造出新的市場區隔的企業**，就是贏家；競爭對手只能直跺腳，大歎「千金難買早知道、萬般無奈沒想到」。

然而，這並不表示隨便一個簡單的區隔作業即可了事。

區隔的基準（**區隔因素**）需要能夠**「完美」符合策略目的**。若非如此，區隔作業不是無用武之地，就是在實際推行時弊害叢生，最後只是浪費寶貴的時間與經營資源而已。

當創造出來的市場區隔符合策略，那麼內容愈簡單明瞭的策略，愈能夠成為強而有力的武器。

「如果知道怎麼區隔的話，再來要如何應用呢？」

「讓每個業務知道啊！讓他們知道在各自負責的區域裡面，要趕緊去哪裡推銷朱彼特。還有，哪些客戶的成功率比較低。」

「反正就是將客戶分類，讓他們知道搶攻的先後順序，是吧？」

「對，把不大有希望搶攻進去的客戶，還有經濟效益不高的客戶找出來，放在最後。」

廣川認為，這就是市場區隔的重點。

一個好的區隔作業，並不是將**潛在客戶找出來**就好，同時也應該指出**非潛在客戶的所在之處**。

當推展的策略有時間壓力時，這個區隔群組（segment）更是業務不應該去碰的對象。

然而，不管再怎麼強調「創意」的重要，東鄉還是一頭霧水。

他心想，常董難道不能給點更明確的指示嗎？

廣川進一步說明：

「雖然我自己也不知道答案在哪裡，但是，我知道一個大方向。」

廣川在牆上的白板上畫一個大框，同時畫上一個十字區分出四個格子。

這是一個二乘以二的矩陣圖（matrix）。

「假設，我們知道每家醫院對朱彼特的需求高低，同時將這個需求做為橫軸。」

「再來，假設我們知道朱彼特賣進去時，我們的營業額或利潤的高低，同時將這個資料做為縱軸。」

廣川一邊說明一邊在白板上畫著。

「如果我們用這兩個標準來排列醫院的優先順序的話，我們就可以把醫院的名字寫在各個對應的格子裡。」

然後，廣川在左上角的格子裡寫一個大A。

「我們業務第一個應該搶攻的客戶就放在這個A的格子裡。這個區塊當然就是客戶有強烈需求，而且對我們比較有利的。」

接著，廣川在右下角的格子裡寫上C。

「我們業務應該最後拜訪的客戶就放在這裡。因為這些客戶不大感興趣，需要比較多的時間推銷。不過，即使賣出去，對營業額或利潤又沒有太大幫助，所以，應該放在最後才拜訪。」

然而，東鄉與福島又是一付似懂非懂的表情。

東鄉開口問：

「常董，您的理論我是能夠理解。但是我們要有資料，才能夠將這些客戶分類不是嗎？這個資料要從哪裡來啊？」

廣川不懷好意的笑著：

「這個跟你剛才的問題一樣啊！當我們知道答案的時候，區隔策略就完成了。問題是縱軸與橫軸的標準是什麼？還有，我們有沒有合適的數據？」

【圖表5-1】區隔矩陣

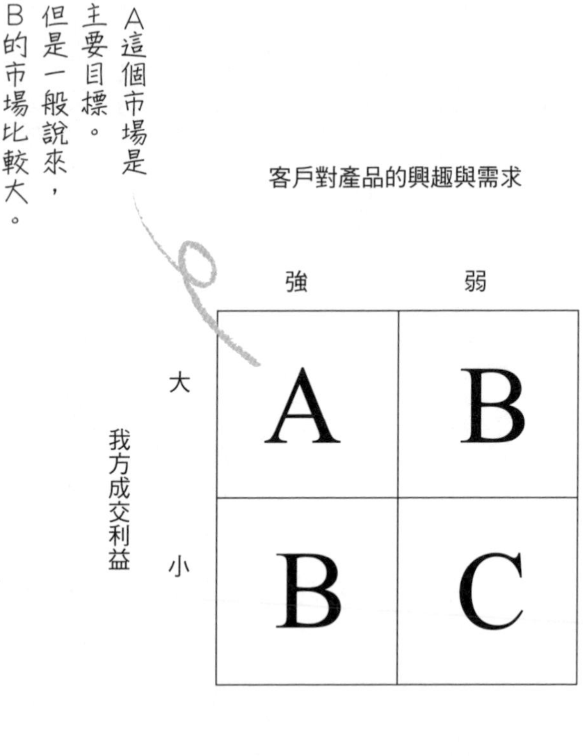
A這個市場是主要目標。但是一般說來，B的市場比較大。
客戶對產品的興趣與需求
強
弱
大
小
我方成交利益
A
B
B
C

市場區隔的魅力所在

接下來幾天，廣川、東鄉與福島三人，埋頭苦幹製作市場區隔矩陣圖。白板或紙上畫滿各種田字形的矩陣圖，大家的頭也快變成四方形了。

最後，終於得出一點雛形。

那是一個二乘以三的表格。

縱軸是醫院的病床數。它的邏輯是，如果醫院愈大，G物質的檢驗業務愈多，因此，朱彼特的試劑就會愈暢銷。

此外，G檢驗的業務量愈大，醫院檢驗室對於自動化機器愈關注，相對的提高朱彼特的需求。

因此，縱橫二條線包含了二個「區隔因素」。

其一，是普羅科技所看到的客戶魅力（預估營業額）；其二，則是客戶所看到的朱彼特的魅力（自動化檢驗業務的利基）。

橫軸當成醫療院所的種類，這種分類法可以區分對這次的加值方案比較有反應與沒有反應的客戶。

【圖表5-2】朱彼特的魅力區隔矩陣

		加值方式之接受度	
		一般醫院 私人診所 私立大學附屬醫院 醫師學會醫院 等	國立或公立醫院
病床數	500張以上	A 92	B 54
	300～499張	B 186	C 172
	200～299張	C 236	228

有時也可以視為C

這個部分捨棄

國立或公立醫院的性質，因為基本上與公家機關一樣，因此採購方法帶有強烈的官僚色彩。他們相當擔心這些醫院是否能夠接受加值方式的交易型態。

其中，最讓他們沒有把握的是，客戶能否接受檢驗試劑的進價模式，加值方案的進價剛開始雖然較高，但等到方案結束以後試劑的價格便會大幅下滑。

相較於此，他們則相信注重營運績效的一般醫院或私人診所當然無庸置疑，連私立大學的附屬醫院或者醫師學會的醫院、濟生會的醫院等也都會對加值方式大表歡迎才對。

廣川們將這六個格子各自定義它們的魅力度。同時將最有魅力的區塊設為A，其次為B與C等。

這個作業所需要的判斷力與決策力，遠比旁觀者所想像的還難。因為這個作業的結果將影響區隔作業在實際作戰時的使用方法。

比方說，廣川等人將左右二邊區塊的魅力度各差一個等級的排列下去，就隱含一個主觀的判斷。

為什麼只差一個等級而不是二個呢？

如果只看結果的話，可能不覺得有什麼不同，但是，其中顯露出策略上的判斷。

在這個階段中，廣川等人還下了一個看似保守卻很重要的決定。

他們雖然曾經想設定區塊D內，共計二百二十八家小型國立或公立醫院（右下角的區塊）的魅力所在，但是，後來決定放棄，毅然決然從推廣的目標對象中剔除。

這是因為這個區塊的魅力度太低，受限於時間，不大可能一舉攻下的緣故。

因此，所有列入Ａ、Ｂ、Ｃ區塊的醫院便減為七百四十家。

除此之外，他們還做了另外一個決定。

那就是將一百家的檢驗中心裡，營業額在前三十名的機關歸類為魅力度Ｂ的區塊，而剩餘的七十家則全部納入Ｃ。

為什麼沒有一家檢驗中心被列入Ａ呢？

因為，他們認為檢驗中心比較會殺價，反而是大型醫院更有魅力。

但是，這種看法其實值得商榷。

檢驗中心受理各種醫院的委託業務，因此，檢驗業務量凌駕於大醫院之上。不論價格上他們多麼無法接受，大型檢驗中心對於自動化檢驗的需求，一定最強烈。

而且，如果檢驗中心採用朱彼特的話，也有利於對其他委託醫院的宣傳。

廣川等人沒有將檢驗中心納入區塊Ａ，真的是一個正確的決定嗎？

在這個階段中所有**看起來無心的決定**，都可能影響**實際作戰的成效**。

從這裡，就可以看出區隔作業的重要性與可怕之處。

老實說，廣川對於這個作業結果並不滿意。

他有一種「好像缺了什麼，沒什麼創意」、不盡理想的感覺。

然而，不管再耗費多少時間，他們已經盡力了。

長期以來，普羅科技的業務團隊無法抓住客戶狀況的原因，從這裡展露無遺。即使要他們分析客戶的需求，他們連醫院相關人員在想些什麼也幾乎無法掌握。

但是，區隔作業是一種極佳的案例，透過這個作業可以清楚看出那家企業對於**客戶的心理**的掌握程度。

最後的區隔作業

「好，就這麼決定。」

聽到廣川這麼說，東鄉與福島心想，所有的作業都做完了。

「那我們馬上讓業務們依照A、B、C區塊的優先順序去跑客戶。」

廣川舉起手急著喊停：

「等一下！還沒結束啊！我們還要進一步把德國化學與我們的客戶給區分出來。」

原來如此。

這才是區隔作業原本的目的。

這個作業就比較簡單了。

他們將魅力度A、B、C中的客戶分成使用普羅科技的舊品與德國化學產品兩種。

如此一來，七百四十家的醫院與一百家的檢驗中心加起來八百四十家客戶分類後，得出一張新的矩陣圖。

「好，從現在開始，要進入區隔作業的重點了。我們一定要仔細思考才行。這是個很不容易做出來的決策，但是，我們一定要有個決定。」

跟剛剛決定魅力度A、B、C一樣，這也是一場讓人猶豫不決的拉鋸戰。

而這件事情非得主管親自來做不可。

如果將市場區隔看成一種企畫工作而交辦他人，就等於身為高層卻推卸責任一樣。因為，市場區隔就是一種**決定策略的重要過程**。

對於普羅科技事業部而言，這個作業中所做的決定，對於往後十個月的業務成果將有極大影響。

廣川這麼想著，同時陷入思考。

經過各種討論後，他得出一個結論：

「在推廣活動的前四個月，所有業務都先集中搶攻德國化學的客戶吧！從在魅力度A中目前屬於德國化學的客戶，開始下手。再來是魅力度B的客戶依序進行。」

廣川站起來在白板上最後定案的矩陣圖上寫下現在的決定。

他用羅馬數字陸續寫上Ⅰ、Ⅱ。（詳見【圖表5-3】）

「告訴業務員，一定要遵守這個順序，在Ⅰ區的客戶還沒跑完以前，絕對不要去碰Ⅱ區的客戶。聽好，在接觸Ⅰ區這群客戶的階段，絕對**禁止接觸其他客戶**。」

但是，他這番話，愈想愈有問題。

「難道說，現有客戶放著不管嗎？」

「長期以來，關照我們的老客戶不是更重要嗎……？」不僅是東鄉或福島，心底浮起都這樣的聲音，就連廣川自己也有同感。

然而，如果在這個時候輸給這些聲音的話，挑戰德國化學的這個重要使命，一開打就未戰先敗。

況且，打破普羅科技業務長期以來的習性，改為戰鬥部隊的方針也會因此變得虎頭蛇尾。

更何況，廣川已經在關東商事的老會長面前拍胸脯保證，這次的推廣行動一定會成功。

廣川等人毅然決然處理這個問題。

「如果有普羅科技現有客戶詢問，不可以忽略他們，還是要好好介紹產品，依照原來的樣子提供服務。但是，我們暫時不要主動接觸現有客戶。這樣的話，可以吧？當然，讓現有

【圖表5-3】加入競爭因素的區隔矩陣最終版

		G檢驗之競爭狀況	
		德國化學其他競爭品牌	目前使用普羅科技舊品之客戶
區塊之魅力度	A	Ⅰ 79	Ⅲ 13
	B	Ⅱ 213	Ⅳ 57
	C	Ⅲ 345	Ⅳ 133

搶進這個部分，
便可帶動下面的區塊。

同樣是Ⅲ，但比較消極。

如果此區塊一鼓作氣，
一定勢如破竹。

合計：840

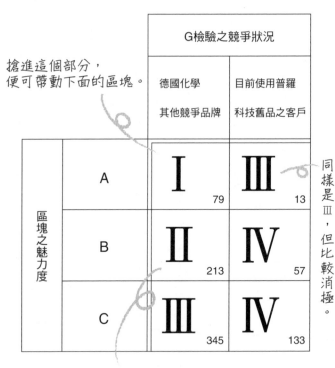

【圖表5-4】業務拜訪客戶優先順序表

優先順序	客戶數	每位業務負責客戶數
I	79	3
II	213	9
III	358	15
IV	190	8
總計	840	35

客戶等待也說不過去，不過，我們只剩下的時間不到幾個月了，請客戶多多包涵。」

接下來，廣川在二個格子裡寫上羅馬字III。

「當I區與II區的客戶跑完以後，接著進攻III區的客戶。從這個階段我們才開始真正接觸普羅科技現有客戶，再來是IV區的客戶。」

就這樣，最後決定了I區至IV區的優先順序。

各個客戶的數量如【圖表5-4】所示。

優先順序I區與II區中的客戶共有二百九十二家，換算的話，每位業務平均負責十二家。

這個結果，對於鎖定目標來說已經足夠。

從病床數大致推算G物質的檢驗業務量的話，優先順位I與II的區塊也占了整體客戶的百分之四十九。而且全是德國化學或是其他競爭對手的客戶。

客戶的鎖定從原先隨意的行銷概念歸類出第一階段的一千六十八家目標，縮減到第二階段的八百四十家，最後則精

【圖表5-5】G物質的檢驗次數與各群組之分布推測

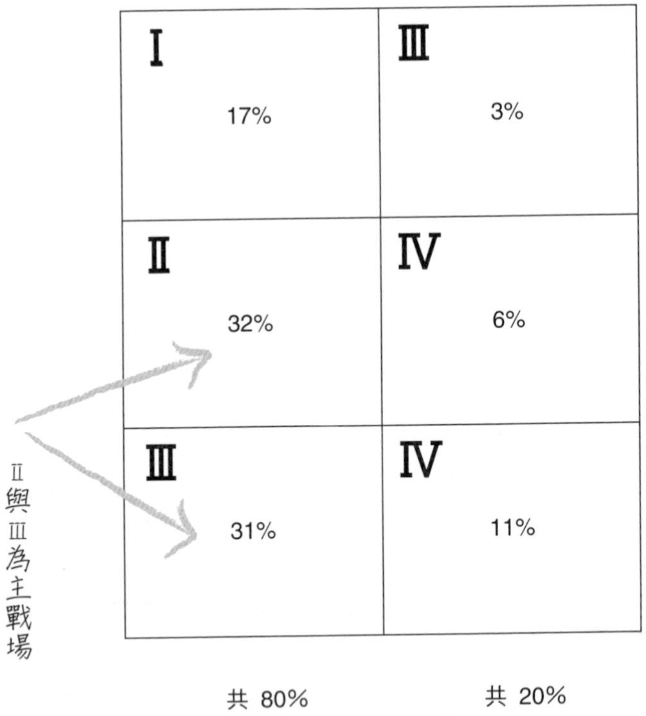

簡到二百九十二家客戶。

廣川再一次確認。

「你們要知道，我們的主戰場是在第一順位的I區，這裡有七十九家德國化學的大客戶。」

「其中，還有不少具有影響力的教學醫院，如果我們能夠打進去的話，其他的關係醫院，就會像挖芋頭一樣，一拉就拉起一大串。」

接著，廣川笑著對東鄉說：

「在戰場上跟敵人對陣時，不可以臨陣脫逃喔！」

業務進度跟催系統

當區隔作業告一段落以後，東鄉把剛完成的空白矩陣圖分發給每位業務。

他們將自己負責區域的所有客戶寫進這張圖表。每一位客戶都應該被分派在某一個區塊中，沒有漏網之魚。

這樣的作業，意外地發生效果。

當業務自己用鉛筆寫下客戶名稱時，他們正用頭腦與身體，理解新的業務方針所代表的意義。

遇到問題時，他們就請教主管。

被部屬問問題的主管，就再往上請示東鄉或福島，這種方式促進了公司內部的上下溝通與意見交流。

透過這份矩陣圖，大家可以清楚的知道自己應該前進的方向。

在東鄉與福島的腦海中，不時閃過廣川給他們的使命——「打破業務長期以來的習性」。

在感受到**市場區隔的方法具有強烈的策略溝通效果時**，廣川心想：

「喔，原來有這樣的效果啊！」

最後，廣川又訂定了另外一套系統。

他想，有沒有什麼方法，可以隨時掌握各地方的業務團隊必須優先拜訪的I與II區裡每一位客戶的進度。

因為廣川心想，如果他或東鄉打電話去各地跟催進度的話，業務們大概也是給些這樣的答案：

「一切順利。」或是「快要成交結案了。」之類抽象的回答。

為了解決這種狀況，他想出一個系統。他要東鄉等人將**業務的行動進度用代碼具體呈現**。（詳見【圖表5-6】）

【圖表5-6】業務推廣進度代碼對照表

	代碼	
尚未行動	F	
拜訪一次（打招呼、自我介紹等）	↓ E	
拜訪二次以上（不論次數）	↓ D	
試機及之後的拜訪	↓ C	
報價及之後的拜訪	↓ B	1
價格等條件之交涉與之後的拜訪	↓ B	0
下訂與之後的拜訪	↓ A	1
出貨（交易）	↓ A	0
停止接洽	Z	

從「還沒有跟客戶接洽（F）的階段」到「拜訪一次（E）」，之後隨著各種進度依照英文字母逆時針排列，最後是「出貨與交易（A0）」，用記號表示各種狀況。

在半途中，覺得沒有希望而放棄接洽的客戶，用最後一個英文字母Z來代表。

各個被列為「重點搶攻」的客戶，都有一張業務進度跟催表。（詳見【圖表5-7】）

填寫方法相當簡單，假設業務A負責十家客戶的話，他就會有十張跟催表，一位客戶就一張跟催表。拜訪一次，就在當周的欄位上畫一個圈。

同時，因為**原本的業務日報己經停**

用，因此，業務們所需要繳交的報告只有這一份而已。

業務推廣進度代碼對照表經過一番設計，它的重點是確保業務進度達到某一個等級時，不能再走回頭路。這個設計，可以避免繁複動作，以方便管理進度。

當業務進展順利時，圓圈的位置就會不斷往右上升。

如果跟客戶的接洽不順利的話，這條線就會呈現水平狀態。

半途停止搶攻的話，這條線就會急轉直落。

這套系統就這麼簡單，人人都懂。

每經過二、三個月，利用表格上的紀錄，依據個人別、營業所別或地區別整理，就可以

一目了然的看出整體的業務進度。

透過代碼設計，各地的業務課長與業務間常常可以聽到以下的對話。

課長：「你負責的山川醫院，目前進度怎樣？」

部屬：「我上禮拜去過了，現在還在D的階段，下個禮拜應該可以變成C。」

課長：「田中醫院呢？」

部屬：「還是F。」

課長：「什麼時候還要再去？要快一點把它升到D喔！」

部屬：「知道了。」

【圖表5-7】目標客戶之業務進度表

普羅科技事業部

客戶名稱	群組	病床數	代理商	縣名	區域	區域主管	業務
愛知醫院	II	300張	名古屋商事	愛知	中部	大島	石田

	地位：部門	地位：職稱	姓名	裁決權限	特別註記
關鍵人物	事務	事務長	神田 富夫	(有)、無	後藤醫師的夫人是院長的二千金。秋山經理對自動化檢驗機器相當有興趣且態度積極，曾在學會上發表看法。
關鍵人物	內科	醫師	後藤 明彥	有、(無)	
關鍵人物	檢驗部	經理	秋山 清二	(有)、無	
關鍵人物				有、無	
關鍵人物				有、無	
代理商	第二業務部	副理	岩崎 啟吉	(有)、無	
代理商	第二業務部	業務	大友 信男	有、(無)	

競爭	廠商	G物質檢驗數	與廠商之往來
舊型	德國化學	1,100/月	近十年來全是德國化學的天下，私下的交情也夠。秋山經理是關鍵所在。
舊型		/月	
其他		/月	
其他		/月	
	總計	1,100/月	
Z理由			

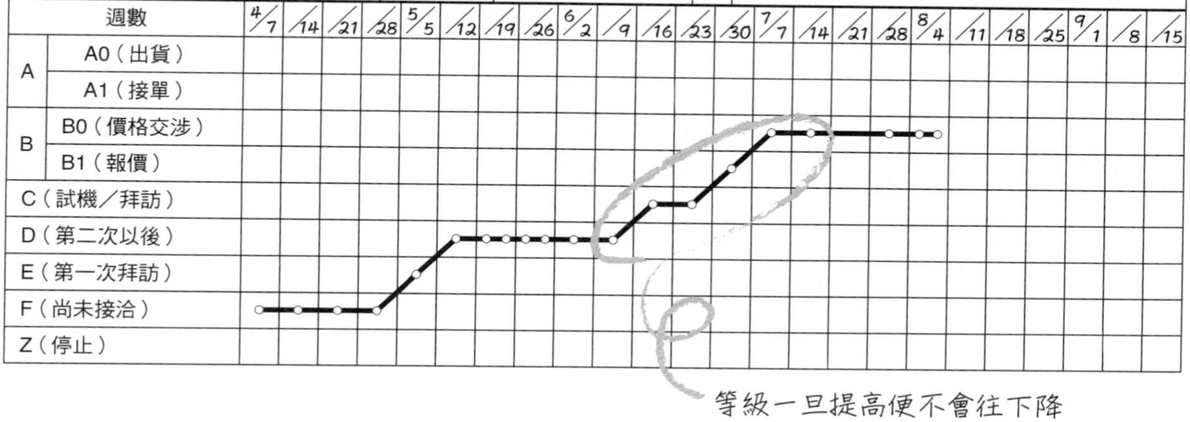

【圖表5-8】朱彼特推廣方案目標醫院之進度表

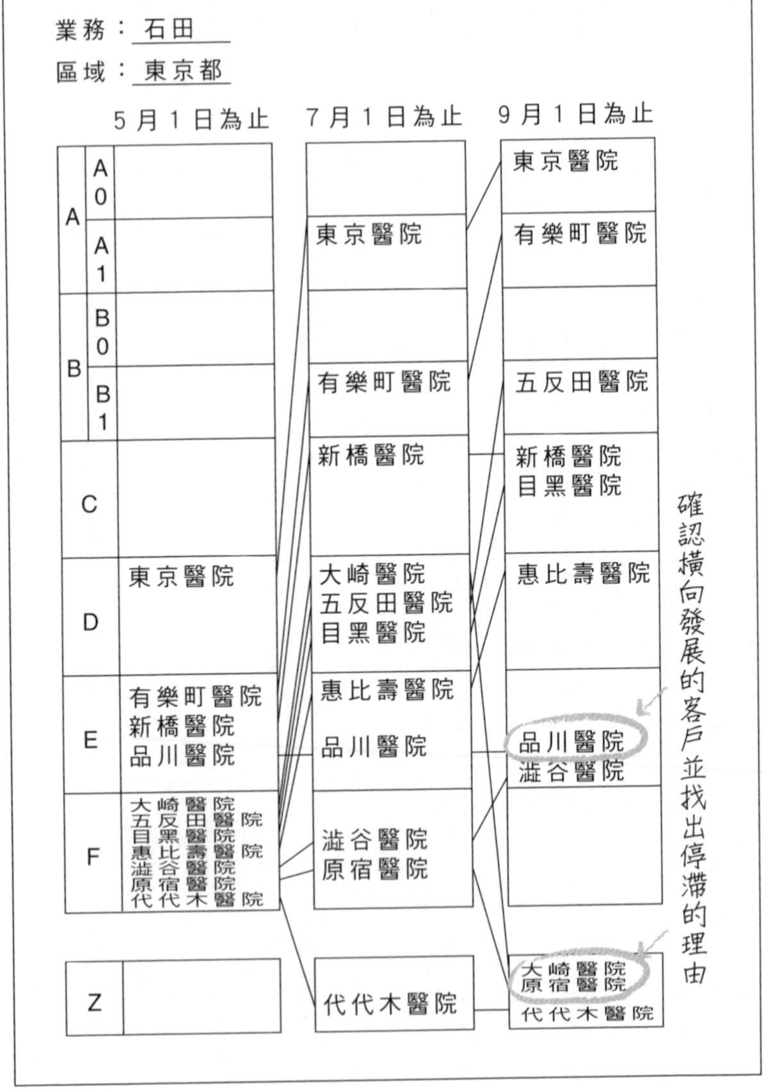

業務：石田

區域：東京都

		5月1日為止	7月1日為止	9月1日為止
A	A0			東京醫院
	A1		東京醫院	有樂町醫院
B	B0			
	B1		有樂町醫院	五反田醫院
C			新橋醫院	新橋醫院 目黑醫院
D		東京醫院	大崎醫院 五反田醫院 目黑醫院	惠比壽醫院
E		有樂町醫院 新橋醫院 品川醫院	惠比壽醫院 品川醫院	品川醫院 澀谷醫院
F		大崎醫院 五反田醫院 目黑醫院 惠比壽醫院 澀谷醫院 原宿醫院 代代木醫院	澀谷醫院 原宿醫院	
Z			代代木醫院	大崎醫院 原宿醫院 代代木醫院

確認橫向發展的客戶並找出停滯的理由

類似的對話，不僅在業務與主管之間，連地方的營業所與總公司之間也時有所聞。

結果，北到北海道、南到九州，所有列為目標客戶的日本國內醫療院所，都可以用同一套代碼呈現，同時將進度回報給總公司參考。

這件事情代表著整個事業部又增添一個新的「共同語言」。

說的極端一點，這個系統讓東鄉等人的業務管理，引起**些許的資訊革命**。

長期以來，因為業務成果不能彰顯，所以，也無法真正知道業務活動是否順利進行。

但是，幸好有這個系統，才能在初期階段就看得出端倪。

這是非常寶貴的資訊。

因為透過推出新的業務策略，或者總公司提供業務支援等，可以讓業務活動更具時效。

上場打仗

轉眼之間，二月即將過去。

從廣川發表朱彼特的銷售目標為一百台以來，時間已經過了一個半月。

對於制訂新的業務策略方案，確立市場區隔來說稍嫌急促了一點。

然而，普羅科技的決戰期，已經迫在眉睫。

新的銷售工具，正在同時進行。

關東商事方面已經達成共識。

馬不停蹄備貨，以便應付業務推廣朱彼特所需。

此時，廣川心想：

「該做的事都做了。」

「一切都準備妥當。接下來，就要看業務們的努力了。」

東鄉以一貫的開朗語調提醒業務：

「我們不能再像以前一樣，只會抱怨了，這是一個試探我們自己實力的時候。」

「從明天開始，大家要努力拚命了！」

就這樣，從第二天的三月一日開始，普羅科技事業部的朱彼特行銷策略，正式鳴槍開跑。

【三枝匡的策略筆記】

鎖定與集中

企業策略，就是一種「鎖定」的工具

如同我前面一直強調的，經營策略的精髓就是「鎖定」與「集中」。缺乏鎖定市場的事業，就無法匯集組織的能量——如果員工無法朝向同一個方向前進，就會延緩行動，將導致向量（vector）與動量（momentum）的能量彼此抵消，最後變成一盤散沙。

公司高層有需要給員工一個「故事」，有時，應該像一位演員般跟大家談話或者訴求。然而，如果一個事業缺乏鎖定市場，高層就無法利用三言兩語說明經營目標。就好像一位業務需要費盡口舌，才能跟客戶推銷沒有優點、功能複雜的產品一樣，公司高層就得不斷的繁複解說業務方針。

然而，太過複雜的詞彙，很難凝聚內部向心力。

但是，當高層的「市場鎖定」曖昧不明時，連帶地，對外的宣傳也會說不清楚、講不明白。因此，也會拖累外部合作單位的連絡網。

事實上，所謂「鎖定」，其實就是一種「捨棄」。因為經營資源有限，所以無法包山包海全部都做。因此，需要有人拿出勇氣做切割，決定「放棄哪個部分」。如果高層該決而未決，等到有一天，營運碰到瓶頸時，就會形成一種反覆的浪費投資。就這個意義來說，我們可以說，其實企業策略就是一種判斷「鎖定」或「捨棄」的工具。

市場區隔的效果

區隔（segmentation）這個字，在日文中寫成漢字「細分化」，在企業策略中，市場區隔可說是最適合進行「鎖定」與「捨棄」的工具。

在規畫事業策略時，市場區隔的關鍵在於「藝術般的直覺」與「創意」。大多數的場合，當區隔作業順利進行時，策略的核心部分也幾乎能夠確立。

所謂市場區隔如果說得比較學術一點，就是「區分（區隔）市場中有相同購買習性的客戶群組」。

這個方法應該如何應用在實務層面呢？其實，有二個正反不同的方法。其一是「以商品為主」，另外一種是「以市場為主」。

所謂「以商品為主」，是指手上先握有商品，再鎖定要賣給哪些人——廣川等人所遇到的就是這種類型。

不管廣川等人喜不喜歡朱彼特這項產品，他們目前的任務就是把朱彼特賣掉。他們所面對的問題是「要賣給誰，才能達到事半功倍的效果？」。

另一方面，「以市場為主」的方法，問題是發生在研發新品或事業之時。首先，要觀察市場動向，分析客戶的購買動機或特性變化等，找出市面上產品未能滿足消費者需求的地方（產品空間），並針對此點進行研發。

市場區隔是發揮領導力的一種強而有力的工具，這是因為區隔作業可以導引公司「鎖定」並「集中」內部能量，成為內部溝通的有力武器。

因此，透過這個作業可以凝聚公司員工的向心力。

一個好的市場區隔，經常需要打破公司內部長久以來的「常識」。因此，當區隔的手法應用在業務層面時，這個嶄新的區隔作業就背負著被業務抱怨的宿命。

這是因為大部分剩下的市場，都是業務目前難以攻入之處。業務受到惰性驅使，因此，比較常去拜訪的客戶，大多是對自己有好處也比較友善的客戶。不大想去拜訪的客戶，可能隨便敷衍兩句，就打發業務走人。因此，碰觸尚未開發市場的策略內容，基本上違反業務員的惰性。

因此，市場區隔的內容如果有效，即使是強迫，仍然會成為磨鍊業務的必經之路。

相反地，如果市場區隔的內容零散，而強迫業務接受時，就會讓業務的努力付諸流水，並且讓業務對這種手法失去信心。因此，市場區隔需要深思熟慮，訂定出確實可行的內容。

如同畫蛇切忌添足一樣，區隔策略也應該低調執行，不宜對外敲鑼打鼓。

如果自以為善於市場區隔，跑去向客戶炫耀、往自己臉上貼金，或是高階主管向媒體大肆宣傳還沾沾自喜，那麼，這個策略就失去意義了。

市場區隔的簡單性

區隔作業適合像廣川等人所進行的一樣，採用腦力激盪（brainstorming）的方式，鼓勵所有參與者有話直說、大鳴大放、熱烈討論。另外，矩陣圖（matrix，指二乘以二的田字格）也是相當有效的方法。

如果只是不知所以然地將市場區分成二乘以二的田字格，或者二乘以三的六方格，未免太過簡單，可能很多人會懷疑它真正的實用性。

然而，這其實是一種誤解。因為，簡單，就很有力——愈簡單的策略，往往效果愈好。

假設現在有一個表格是四乘以四的十六方格，你能夠針對某一個方格，根據所訂的策略，比較哪個方格與上下左右、斜線上下相鄰八個方格的異同？或者，明確區別彼此的差異嗎？如果這十六方格都用這種方式逐一討論，最後，只會落入不知所云的結果。

即使規畫的人，自己相當清楚整個矩陣圖的重點，但是，當提供給研發或第一線的業務員實際使用的話，可能會讓大家頭昏腦脹，而失去實用價值。

我自己雖然不迷算命，但是，社會大眾似乎對於血型話題很感興趣。我想這應該是血型的分類簡單，只有四種的關係吧？但是，對於相信血型的人來說，尤其是談到男女交往的話題時，再怎麼簡單，也有四乘以四共十六種組合可以討論。我想，對於血型再怎麼熟悉的人，想必都很難在手邊沒有資料的情形下，流利地說出這十六種男生女生配的好壞吧？

我認為，一般人在腦海裡所能浮現的矩陣圖，最多也是三乘以三的九宮格。也就是說，公司的策略不應該比這個更複雜，才能讓員工能夠清楚易懂。

萬一所規畫的表格，一定非得超過這個標準不可的話，可以採取廣川等人所用的二段式做法。首先，廣川等人第一個所做的矩陣圖（詳見【圖表5-2】），是以「醫院的病床數」與「醫院類別」做為二個區分要素。然後，在這個圖表上用A、B、C……等，進行第一次等級區分，也就是「鎖定」。

接下來，將這個結果做為第二個圖表的縱軸，將「目前是否為德國化學的客戶」做為橫軸，訂出新的矩陣圖；最後，再將等級區分為Ⅰ、Ⅱ、Ⅱ……。（詳見【圖表5-3】）。

總而言之，他們利用【圖表5-2】與【圖表5-3】，將「醫院的病床數」「醫院類別」與「目前是否為德國化學的客戶」等三個區分要素互相組合得出最後結論。

我想，各位聰明的讀者應該已經察覺，當將這二個圖表相互搭配時，等於一開始就使用一個立體的「三度空間矩陣」一樣。但是，這也已經是區隔作業的極限，無法再複雜下去了。

市場區隔與「理所當然」的連鎖反應

如果市場區隔的方法不佳，就無法清楚的聚集那些應該對自己公司產品關心的特定群組。

如此一來，當鎖定某一個群組推展行銷策略，那個群組卻混著不少沒有興趣的人，反而會將原本有興趣的人驅散到其他群組去。

美國西北大學的行銷學權威菲立普・科特勒（Philip Kotler），在其著作《行銷管理》（*Marketing Management*）中，提到一個有效的市場區隔需要具備以下三項條件：

1.測定的可能

需要相關資訊，測定區隔的內容或規模大小。

2.實現的可能

需要相對的業務手段，可以實現達到區隔效果。

3.充分的規模

需要一定的市場規模，才能足以支撐鎖定群組的產值。

從原因來看，不論想出如何有意思的區隔要素，如果缺乏相應且客觀的客戶區分數據，那麼，實際上區隔作業就無法進行。

廣川曾說，他們所整理出來的矩陣圖「好像缺了什麼，沒什麼創意」。

比方說，當縱軸定義為「醫院的病床數」，後面連結「病床愈多的醫院，應該G檢驗的業務也應該愈多才對。這樣的話，G檢驗的數量也應該更多才對。這也表示大家會對朱彼特應該愈來愈感興趣才對。」等連續三個「應該才對」，顯示他們心中「理所當然」的邏輯。

然而，廣川等人如果能拿到各醫院目前對於G物質檢驗次數的數據的話，就可以減少一個「理所當然」的因素，而能夠更直接預測朱彼特的需求。

再者，如果能夠正確知道各醫院「未來對於G物質檢驗的增量計畫」，那麼，就可以再減少一個「理所當然」的因素，能夠更簡單鎖定朱彼特的推銷對象。

然而，任何一家企業都不可能簡單的得到這些數據。因此，廣川等人用「病床數」來暫時替代。

更何況，橫軸的因素更無法讓人滿意。單靠客戶對於朱彼特的需求強不強，或者醫院是私立還是國立，並不能做為充分判斷。如果有相關數據的話，就能夠看出各個醫院的關鍵人物對於G檢驗業務有多少興趣。

然而，令人遺憾的是，對於長期以來體質孱弱的普羅科技的業務團隊來說，連這種觸感都無法抓到，更何況是那種精度很高的數據。

雖然，廣川覺得他們的作業「不盡人意」，但是，也就這樣開跑了。因為，不管再耗費多少時間，在這個階段大概也無法得出更好的區隔結果，而且，為了凝聚大家的向心力，先這樣做應該比較好。

當利用區隔作業鎖定市場群組後，接下來，就是「製造道具」以便業務的行動得到有效回應。並不是說，只要鎖定合適的群組去推銷產品就一定賣得出去。重要的是積極地刺激需求，激發起區隔群組中的人們對產品的興趣。

這也就是廣川等人之所以緊鑼密鼓找出業務策略行銷朱彼特的原因。此外，需要制定因應的策略，比方說，點燃業務幹勁的手段，拜訪通路或宣傳廣告等，以便廣川的熱情呼喚，能夠順利的傳達給那些鎖定的潛在客戶。

執著的跟催

我在前面已經說過，策略中的「鎖定」，其實就是「捨棄」的意思。

就廣川的案例來說，當他下達以優先順位Ⅰ、Ⅱ的區隔群組（segment）為主的指示時，換句話說就是先割捨掉其他的市場。

區隔作業並不是只在概念（concept）層面訂定策略，更需要針對各個地區或業務，以同樣的思考模式掌握他們的行動與實際成效，否則就無法落實工作中。總而言之，如果無法兼顧策略與實戰，區隔作業將淪為虛有其表的企畫人員或管理顧問的歪理，空有華麗外表卻無實際內涵。

同時，更重要的是，即使研發一個具有實戰力的區隔作業，如果沒有一套扎實的監控與管理永續下去，就無法把握這個作業的可行性。

以我為例，大多數經手的案例之所以失敗，通常是因為無法得知位於組織末端的人員，是否忠實執行這些作業，而並非肇因於區隔作業的手法得不到效果，或者制訂方法不正確等。

為了避免這些情況，因此需要訂立確實的執行進度回報系統。

唯有訂定一個執行進度回報系統，做某種程度的自動追蹤，才能掌握業務是否確實接洽鎖定的目標，或者業務成效是持續提升還是下降，甚且沒有效果。

在我的經驗中，要讓區隔作業成功的最大關鍵，就是建立一套「執著的跟催系統」。

案例中，廣川相當清楚這個重點。因此，在實際展開業務攻勢前，他訂定了一套自訂的進度回報系統。

廣川自己認為，這個回報系統有以下優點：

1. 利用活動編碼將業務的進度「數據化」，以便總公司一目了然掌握日本全國各個目標的行銷狀況。

2. 報告以「周」為單位，落實各地區與總公司的雙向溝通，加速彼此的行動。廣川認為這個系統最好不要太依賴電腦。因為主管與部屬最好是面對面直接溝通、進行報告。

3. 提高業務員的行動意識。比方說，減少內勤時間、提高每天外出拜訪客戶數、業務員主動向總公司申請支援。

這套行動管理系統的應用重點，第一，是非常執著地推行。這表示對於部屬的跟催必須有始有終，絕對不能虎頭蛇尾。另外，決定每個星期固定報告的日期與時間，持續幾個月以上，直到落實策略方案為止。

第二，是報告的對象不得有「遺漏」或「例外」。這是因為策略、組織或支出等發生的浪費，通常並不是因為已經列入管理的項目，而通常發生在「其他」項目裡的緣故。以廣川等人為例，他們以緊迫盯人的方式，跟催位於優先順位Ⅰ區與Ⅱ區的二百九十二家客戶。

除了掌握業務對於目標客戶的進攻狀況之外，還應該監控業務把時間花在什麼地方上。出乎意料的是，將會發現業務員大多數的時間，竟然忙於處理客訴或行政工作，並沒有足夠的時間開拓新客戶。

一個有效率的行動管理系統的第三個重點，在於降低書面管理表格的數量與種類，如果可能的話，最好用一張表格管理所有一切。

愈是管理績效差的公司，愈喜歡制定各種文件。一個完善的管理系統，即使管理表格不多，也一定能夠抓住問題的「病徵與病灶」。所以，與其讓業務制式化填寫如同日報表或流水帳的報告，倒不如讓他們在符合策略的管理表格多下一點功夫。當實施新的策略時，需要準備一套跟催系統以便追蹤執行狀況。廣川等人所採用的行動管理表格，就是其中的一個範例。

跟催系統愈簡單，策略的實戰效果愈佳。透過這套管理系統，員工可以清楚知道自己的工作評比，進而提高他們的工作能量，最後達到落實策略的目的。

第六章

大獲全勝

勝利的時刻

從開始打仗以來，已經將近一年了。

一月的天空，一片陰霾，似乎可以聽到冷風穿過眼前的東京鐵塔，咻咻地吹來。

「去年這個時候，我還在煩惱，朱彼特應該要怎麼賣呢！」

廣川一邊這麼想，一邊坐在常務董事辦公室裡，思考一些事情。

朱彼特的推廣策略，超乎預期地成功。

這一年，朱彼特賣出一百四十八台。與前一年的九台相比，簡直是「改造整個公司」一樣。

去年三月，普羅科技的業務團隊一齊出動，利用加值方案搶攻客戶。

首先動起來的是以前曾經接洽過，但卻因為預算而擱置訂單的客戶。這個方案，使得西山醫院檢驗部門的山形經理等人也立即有了回應。

啟動策略的前三個月，銷售台數每個月也不過只有個位數而已。

即使如此，因為每個月的業績已接近去年一整年的銷售台數，因此，大家都很興奮。

到了六月左右，市場又有更熱烈的反應。

【圖表6-1】朱彼特出貨台數

	月份	累計	
1月	1（台）	1（台）	發表目標為「100」台
2月	1	2	組織變更
3月	4	6	啟動「新策略」，採取朱彼特直銷制度
4月	8	14	
5月	6	20	
6月	14	34	實施企畫書／系統／新的獎勵制度
7月	13	47	
8月	14	61	
9月	15	76	
10月	24	100	
11月	20	120	
12月	28	148	

一個月就幾乎達到去年一整年的銷售業績

有超越歐美市場之勢

此時，一台朱彼特都沒有成交的業務，感受到周遭交易活絡的氣氛，也開始感到著急，覺得至少得先賣出去一台。

當每個月的銷售台數超過十台時，這種銷量就變成一種理所當然的氣氛。

主管們終於也覺得，一年賣出一百台的目標，不是沒有可能達成。

他們就像發現獵物出現在射程距離內，擺好狩獵架勢一樣。跟廣川一年前發表一年賣出一百台的業績目標時，大家低頭沉默的模樣，簡直不可同日而語。

然而，在這個時間點，誰也沒有料到這一年銷售台數，最終竟然會接近一百五十台。從十月開始的三個月，每個月的出貨台數連續超過二十台。

如果用年度比來看的話，幾乎是以近三百台的數量持續出貨。

這種現象，就連普羅科技美國總公司都前所未見。因為，日本的銷售業績已經超越美國市場，或整個歐洲市場的業績。

有一段時間，廣川等人曾經因為朱彼特即將缺貨而緊張不已，還好美國總公司調度當地與歐洲貨源以後，業績因此後來居上。

出現勁敵

利用市場區隔所進行的「鎖定」與「集中」，產生預期以上的效果。

然而，這個過程並非一切順利。

剛開始的時候，普羅科技大部分的業務員，其實是想**「從鄉村包圍城市」**。

業務們雖然努力向私立醫院推銷朱彼特，但是，卻避開德國化學所掌握的主要醫院。然而，廣川等人透過業務活動的監控系統（monitor system），得以及早發現這個狀況。

業務員這種做法，將無法打破德國化學的市占率。

東鄉開始考慮，將搶攻重點的優先順序，由I區挺進II區時，事實上，這個落差的情況更加清楚。

東鄉在六月重新架構主要醫院的行銷制度，向各地方的業務下達指示。

- 搶攻德國化學大本營主要醫院的責任，由各地方營業所所長負責。
- 建立特別監控系統，每個星期彙整主要醫院的業務進度回報總公司。

這個措施讓大家再次思考，這次行銷策略的目標究竟是什麼？同時，了解自己的錯誤。業務們需要做的就是**忠實依照區隔作業的策略腳本演出**，如此而已。

剛好此時，發生一件讓廣川等人感到震撼的事情。七月初，德國化學終於**推出類似產品加入戰局**。

他們的第一台機器，出貨給大阪某家大學醫院。

廣川等人原本還期待競品至少不會出現得這麼快，結果卻事與願違。

雖然實際上感受到它的壓力，但是，德國化學還不至於席捲市場。

如果這個時候，德國化學的業務團隊全力對抗的話，普羅科技絕對無法攻下他們的大本營。

此時，廣川或東鄉等人的**心理壓力**達到頂點。

他們督促各地方的業務，說：

「我們要加快腳步擴大市場。」

然而，不知為何，德國化學的動作卻出奇意外的遲鈍。

後來才知道，德國化學因為趕鴨子上架急著上市，所以剛開始的機器陸續出現故障。

這個現象，反而提高朱彼特的評價。

此外，德國化學因為組織較為龐大，因此，他們的業務部隊低估普羅科技的戰力。

很多地方都可以看得出來，德國化學忽略G物質檢驗自動化的需求。

比方說，有一次，在關西某家有名的醫院談生意時，普羅科技曾與德國化學正面交手。以前，遇到這種時候，普羅科技的業務員總像是夾著尾巴落跑，但是，這一次卻不再退縮，來個正面對決。醫院通知二家廠商同時進行簡報，輪流在會議室進行實機測試。這二家公司的業務宛如吳越同舟般並肩坐在走廊旁的椅子等待時，其中一位德國化學的業務小聲地對普羅科技的業務說：

「醫院根本不需要這樣的機器，都是你們去推銷，害我們不得已也要跟進。」

或許就是這種心態的差異，當下決定成敗。

普羅科技從日本最北的北海道大學、東北大學、東京大學、東京女子醫科大學、日本大學、日本醫科大學，南至名古屋大學、京都大學、大阪大學……等主要的教學醫院，相繼決定採購，不到一年的時間，他們就成功搶進百分之六十三列為目標客戶的教學醫院。

他們本來擔心，國立與公立醫院可能不大接受加值方式，所以，當初在做區隔時，就將這類客戶的魅力度降低一級。然而，實際推廣時，卻發現很多醫院都沒有問題。

因此，他們就半途重新區隔市場，改變策略更積極接洽各大國立與公立醫院。

除此之外，出乎當初預測的還不只如此。

比方說，朱彼特出貨之後，醫院的G物質檢驗次數也明顯增加。

這個現象讓廣川跳了起來。

因為，不論什麼地方都至少增加了三成，這或許是因為可以馬上得知檢驗結果，所以醫生也變得比較喜歡利用這項檢驗吧？就像改用功能較好的影印機時，**影印紙的用量**也會增加一樣。

朱彼特並非只是舊型試劑的替代品，還帶有擴大市場、把餅做大的功效。

因為這個現象，使得廣川等人認為，應該有不少客戶會在當初所預期的時間之前結束加值專案。

面對這個出乎意料的現象，廣川或東鄉等人簡直開心得無法言喻。

另外，他們所設計的行銷工具也都發揮效果。這也是因為以前都缺乏一些像樣的東西。

總而言之，企畫書堪稱是一個強而有力的武器。

他們所提出的企畫書在客戶內部傳閱，甚至被影印，不論是哪家客戶，都是**照著他們所寫的說明**進行討論。

這個現象代表即使業務不在一旁說明，企畫書也能夠在客戶那裡**獨自拓展話題**。

當然，也有一些不順利。

比方說，套票的交付方式幾乎像是玩笑話一樣，不切實際。當醫院員工將套票收到抽屜裡時，很多人會覺得再找出來是很麻煩的一件事。當初他們以為客戶會自己計算套票再用幾次就可以擁有機器……之類的想法，現在看起來很像是騙小孩的把戲一樣。

朱彼特的銷售通路改為直銷時，得到相當大的策略效果。關東商事的業務也變得比以前更願意協助。二家公司之間的關係，曾經一度緊張，不過，後來似乎引導關東商事展露積極協助的態度。

當普羅科技的業務將朱彼特出貨到客戶那裡時，自動透過關東商事搭售檢驗試劑。對他們而言，不只完全避免經手機器的風險，而且之後的生意利潤較高、又是半永久性；所以，當這個生意模式一旦上軌道之後，關東商事也就沒有怨言了。

因此，當關東商事的業務發現有哪家醫院對朱彼特感興趣時，就會馬上通知普羅科技的業務前往拜訪，努力協助拓展市場。

然而，朱彼特銷售通路的改變其實更為深入，同時也產生長期的價值。這可以說是普羅科技的業務**培養的獨立自主精神**所得到的最大回報。

如果只是「坐而言」卻不「起而行」，急迫感與責任感也無法激發他們的勇氣，他們已經不是需要代理商揹著走路的菜鳥，已經變身為一個獨當一面的菁英團隊，具備獨自推銷的能力，並且能夠自己研擬行銷策略。

接下來，他們將逐漸地**蛻變成為這個業界的專業人才**。

廣川沒有想到，他們真的做到了！不禁暗自得意。

他回想拜訪關東商事老會長時，會長的表情，廣川甚至覺得這個變化，可能才是這次策略最大的成果。

市占率的逆轉

一年後。

在大醫院的市場中，普羅科技已經明顯地完全攻占德國化學的大本營。

撇開那一百家檢驗中心不算的話，列為促銷對象的醫院共有七百四十家。其中，由從舊型試劑改用朱彼特或其他競爭機型的醫院有二百五十一家，約占三分之一。

各個競爭廠商在這些醫院的比例如下：

普羅科技	二百一十三家	（百分之八十五）
德國化學	二十九家	（百分之十二）
其他	九家	（百分之三）
合計	二百五十一家	（百分之百）

事實上，普羅科技的客戶數占了百分之八十五。

當然，規模較小、未列入促銷對象的醫院也有人採購朱彼特。然而，從檢驗試劑的銷售量來看，無疑地，當初列為促銷對象的所有醫院是最重要的客源。

然而，讓人意外的是還是有三分之二的客戶堅持用舊型試劑。其中，不少是德國化學的長期客戶。

只要醫院對於G物質的檢驗業務朝自動化發展，朱彼特就有勝算。

然而，如果客戶堅持要用舊型試劑的話，就不容易將德國化學踢掉。搞不好有一天會像德國化學的業務喃喃自語的一樣，德國化學硬著頭皮推銷檢驗機器跟朱彼特競爭，倒不如讓他們的客戶就繼續使用舊型試劑，對他們來說反而是一條活路。

然而，這種想法只是一種**死胡同（dead end）策略**而已。

究竟這種策略，會為他們帶來什麼樣的結果呢？

因為舊型試劑的市場依舊是德國化學的天下，即使舊型試劑與朱彼特相加，普羅科技在整體市場的市占率仍然偏低。東鄉等人曾經想過，在這種情況下將有什麼結果。

他們所要搶奪的市場，並不是在這七百四十家的目標醫院中，進行數字攻防戰，因此，考慮醫院規模的差異與G物質檢驗次數（與檢驗試劑的銷售量成比例）推算一下市占率。

普羅科技	百分之五十三
德國化學	百分之四十二
其他	百分之五
合計	百分之百

對以前市占率只有百分之二十的普羅科技而言，這是一個相當大且驚人的大躍進。

普羅科技的成長

此次的朱彼特推廣策略，為普羅科技事業部帶來多大的成長呢？

廣川剛到新日本醫療上任時，普羅科技事業部的年度營業額只不過八億日圓。但是，二年後達到十五億日圓，三年後則幾乎超過二十億日圓。

廣川實現了他當時所打的如意算盤，真的將銷售台數衝到一百台，而且還超過原先的目標並且持續成長。

對於第一鋼鐵來說，這個成績或許並不起眼。

然而，如果說事業策略的成功祕訣在於不管多小的市場，都要能夠成為其中翹楚，那普羅科技可以說實踐了這個道理。

就產品別的營業額來看，數字顯示廣川原本擔心朱彼特與舊型試劑會發生競食現象，也將傷害控制到最低。

有趣的是，因為朱彼特的行銷成功產生連帶效應（詳見【圖表6-2】產品群B與E），帶動其他產品的銷路。

就好像我們說，當公司某個部分變好以後，就能夠成為一種**改善的動力**，帶動其他事情也朝好的方向改變，達到縱效一樣。

特別是在朱彼特的推廣活動告一段落以後，被視為下一個推廣重點，與朱彼特同時行銷的E產品群的成長最為顯著。相反的，C與D產品群則很早就欲振乏力了。如果朱彼特未能達成使命的話，現在整個事業部勢必四面楚歌。

普羅科技未來的真正競爭對手，或許不是德國化學，而是日本企業。

【圖表6-2】普羅科技之成長

（百萬日圓）

年度：	0	1	2	3
A產品群				
a.舊型試劑	286	287	237	197
b.朱彼特（含機器）	59	266	622	873
	345	553	859	1,070
B產品群	80	110	154	240
C產品群	62	57	55	38
D產品群	165	114	46	28
E產品群	197	250	401	630
	849	1,084	1,515	2,006

策略成功，舊型試劑的銷售平緩下滑

這個銷售的下滑由朱彼特彌補

下一個重點推廣產品也開始成長

當廣川去美國拜訪普羅科技總公司時，就預測到日本廠商應該會在一年後加入競爭行列。這件事讓廣川的「時程表」更加受限，同時成為普羅科技策略推展的最大陰影。之後才半年的時間，德國化學就加入競爭，雖然比廣川所預測的時間晚了一點，而日本企業在一年半以後也相繼加入戰場。以致這個市場的競爭廠商最多曾高達十家。這些廠商受限於普羅科技與德國化學的銅牆鐵壁，而無法取得太大的市場。

然而，接下來，如果成為一種長期競爭，就不能輕忽日本企業的力量。

廣川認為，要讓那些比較保守，不願改用自動化機器的客戶對朱彼特提起興趣，似乎不能單靠業務的行銷技巧。

他認為，朱彼特的技術需要不斷進步，例如透過電腦進行數據處理、研發配合時代潮流的先進技術等。因此，如果不能重新架構研究、開發與製造等整體的事業策略，將很難陸續推出新產品。

小野寺董事長的現身說法

是啊！時間過得真快，廣川常董來我們公司也快三年了。

他為這家公司帶來不少我所缺乏的東西。

他的特色，就是規畫很簡單的**策略腳本**，堅持且持續地執行下去。

員工的態度，也因此有一百八十度的轉變。

他以前的表情比較嚴肅，最近變得柔和多了。

大家的能力都提高了，簡直不可同日而語。

就我的立場來說，改變最大的應該是跟美國普羅科技總公司的關係了。

我想，員工也都感覺到了。

不，並不是說真的有什麼改變，反正就是**雙方的立場顛倒**了。

以前，他們說話是很不客氣的。

我們常被說得一文不值，害我一肚子氣。

但是，當我們開始大賣的時候，卻接到日本客戶各式各樣的客訴。

比方說，機器故障或試劑的品質有問題之類的。

可是，**美國總公司的因應卻很慢**。

有時他們的回應慢得連我都想問，對於客戶的意見怎麼會反應這麼遲鈍啊？

如果說他們把日本人當笨蛋，卻又不是如此。

我想，應該是美國人的神經太大條了。

對他們來說，他們搞不懂為什麼日本人要去計較一些雞毛蒜皮的小事，所以也就不把客戶的要求當一回事。

後來因為沒有辦法，所以，我們新日本醫療就自己做一些改善。比方說，修改軟體，或在日本國內調度一些小零件或耗材等。這樣一來，往後才得到客戶的好評。

如果照美國人那一套的話，根本不可能在日本搶下市場。而且，當美國也採用我們改善的部分時，也獲得美國客戶的好評。因為，美國客戶很欣賞日本的品質標準啊！

我想就是這樣，日本汽車才會在美國受歡迎。當年，美國與日本發生貿易摩擦時，美國企業雖然常說日本的壞話，但是美國人自己卻都不買美國貨，而喜歡用日本製的產品。

但是，我擔心的是普羅科技在朱彼特以後，都沒有推出其他新的產品。我們很擔心德國化學或日本的競爭廠商，快要推出比朱彼特功能更好的機器了。如果真的這樣的話，廣川常董好不容易辛苦打下的地盤，就會被他們搶回去。

但是，普羅科技的動作就是遲鈍。因為這是一場**持續研發的戰爭**，所以像放煙火一樣，一定要連續放才有效果，只推出一個新產品，根本無濟於事。

並不用拉開很大的距離。即使是對方**在後面緊追也無所謂**，關鍵在於我們需要**在研發層**

面隨時處在領先對手的地位。

這也是我在電腦事業失敗時所得到的最大教訓。

另外，也有一些奇怪的傳聞開始謠傳。

聽說有美國公司要併購普羅科技。

如果真是這樣的話，後續會如何發展呢？

即使沒有這些謠傳，普羅科技的離職率也高了一點。

常常在我們沒有心理準備的情況下，承辦窗口就換人了，我們又得從頭開始將日本的狀況說給接手的人知道。最嚴重的時候，有時甚至不到一年就換人了。

如果那個人只是調換職務，待在同一家公司的話還好，他們是連接手的人都沒有找到，就離職了。

如果我們跟上面的人抱怨，他們就說「美國就是這樣啊！」之類的，根本不當一回事，真的搞不懂美國到底在幹什麼。

如果普羅科技真的被併購的話，現在的經營團隊應該會重新洗牌吧？

他們長期累積下來的知識或know-how，究竟該何去何從呢？

當然，如此一來我們公司也會受到影響。

正因如此，我最近總是覺得坐立不安。

擺脫階級制的束縛

廣川洋一的現身說法

老實說，最近有點煩。

可是，又不能跟部屬們說。

對啊！這三年，普羅科技事業部的夥伴們真的沒話說。

有一種並肩作戰的感覺。

甚至可以說，我們是一個**超熱血的團體**吧？

這個感覺很難用言語表達，就像是對我來說，東鄉經理反而比較像一個「**戰友**」。

但是，最近我好像已經看到這個組織的極限了。

不是的，我並不是說到目前為止我們的方法有問題。

而是我們的組織在這二、三年內脫胎換骨了。

但是，我卻覺得我們是不是應該**要再脫胎換骨一次**。總而言之，就是說我已經看到現在的方法，完全無法應付未來的狀況。

這三年來，其實是一個強迫式的中央突圍策略。

我剛調來的時候，大家都沒有什麼幹勁，感覺就像一群敗犬似的。

所以，我才會**將組織定調為階級制**（hierarchy），落實絕對的從上而下、科層制度的策略。

我來這家公司以後，他們才開始採用**外面的人才，嘗試用各種面向去思考**。

所以，他們開始有很多不同個性的人才進來，**簡直就像動物園**一樣。

對啊！這並不是什麼「受到心靈的感召」（日文漢字寫成「動搖」）這種附庸風雅的言詞，而是一種讓大家顫抖、悸動，劍及履及說到做到的行動，讓大家突然精神百倍。

可是，光靠活化組織並起不了太大的作用。

所以，我就想從上面訂定策略目標。

因此，才會想出利用市場區隔，整合大家的向量與動力。

幸運的是，這個方法讓大家朝一個共同的方向衝刺。

但是，最近我開始感覺到這個方法也出了一些問題。

首先，我發覺從上而下的科層制度，似乎讓**大家失去獨立思考的空間**。

更冷靜一點思考，我甚至擔心，說不定是大家回到我調來以前的狀況。

他們最近好像都是**看上面的指示行動**。

跟前二年相比的話，最近很少聽到下面的人提議想要這樣或那樣。

其次，**組織也缺乏有一種「玩心」**。

行動管理或目標客戶的進度，管理得太過嚴謹。

反正，就是太認真了。

認真到有一點無聊。

不論什麼事，都很單調。

也就是說，我很怕這個組織會不會變成像機器一樣，一點都不好玩了。

一旦實施中央集權制度，與其說是活化組織，倒不如說是**扼殺自己複製成功的能力**。

這個問題是我們耗費了三年，脫胎換骨了才察覺到的，所以如果把它當成我們邁向下一個階段所應該面對的課題的話，就比較能夠輕鬆面對了。

我們接下來的對策其實相當明確。

因為先前的做法太強調階級制，所以今後應該放慢腳步，橫向發展。

我打算根據個人的狀況，稍微放鬆一下，**讓大家有一點喘息的空間**。

總歸一句，**問題出在我身上**。

如果老是**被「沒時間」這樣的想法追著跑**的話，就忍不住會去督促部屬。

現在，我必須做的是放下高層的自私心態，**降低目標**。

雖然，我自己也沒有把握是否能夠做到。

但是，以前底下的企畫部人員不會提供點子，所以，我才會**不知不覺下達命令**，採用從上而下的科層制度。

我也將企畫部的人與第一線的業務對調。

我的目的是要讓企畫以外的同仁也能發揮創意，提高**組織整體的創意**。

因此，需要多一點中階主管參與策略規畫。

並不是每個人都適合做企畫，所以比較適合的人一旦接手就不容易離開。

像東鄉經理以前是負責企畫的，一旦把他放在第一線時，就可以發揮策略的直覺，激發出動態的一面，做好身為「隊長」的工作。

說到東鄉經理，他最近愈來愈有一個主管的樣子了。

對我來說，**人，是一種「不給他重責大任，就看不出實力」的動物。**

我認為，這次的經驗，極有可能是東鄉成為領導者的跳板。

我甚至在想，是不是把他從業務裡面調出來，讓他負責其他新事業或者成立新公司。

若能實現，想必他一定會更上一層樓。

可能我這種說法會讓人覺得太過傲慢，但是，在我來到這家公司以後，讓**老兵帶菜鳥**、**菜鳥變老兵**這樣培育人才的良性循環持續下去，說不定，這家公司會充滿像東鄉經理這樣的人才，……這就是我現在的理想。

新日本醫療的員工也超過二百位了。

我覺得這時候，公司也應該要提出一些長期的經營觀點。

接下來，應該會開工廠或從事一些更有抱負的事業吧？

在策略上，如果不能夠加強自我的研發技術的話，公司將來就無法獨立。

你問我未來打算如何嗎？

哈哈哈！這也是我的煩惱之一。

我在這三年所得到的經驗相當寶貴，等於在第一鋼鐵待二十年，或者，是我這一輩子最寶貴的經驗也說不一定。

我覺得，**自己的身心在格格作響中成長**。

我非常清楚，第一線才是經營的主戰場。

我今年已經三十九歲了。

自己也應該為將來做一個規畫了。

雖然有人跟我說，你再不趕緊調回第一鋼鐵的話，這輩子就別想出人頭地了，但我卻不以為然。

對我來說，最重要的是挑戰。

我想要靜下心來，好好想一想，接下來的人生，我想要過怎樣的生活。

結語

三十世代的挑戰

人性與策略

新日本醫療確實抓住從第三路線企業變身到第一路線企業的關鍵。故事發展至此，廣川洋一的案例已經全部結束，但是，他的人生還持續進行。

對他而言，接下來，究竟要挑戰什麼呢？

事業的成功需要一個良善的「策略」。然而，光靠規畫的話，其實無濟於事。如果缺乏一個強勢的「領導力」，策略本身就會無力。我們可以說新日本醫療在這三年內經歷跨越這堵高牆的經驗。

然而，廣川雖然自己也懵懵懂懂，但是，他開始發現，只靠策略與領導力，並不足以支撐他繼續走下去。看起來，這個男人達到自我成長之後，想要突破下一堵高牆，進一步證明他已經脫胎換骨。

目前，他面臨二個問題。

首先，決定策略，單調地採用從上而下的階級制度，使得整體組織獨立自主的成長動能日趨枯竭。就現象而言，就是大家追著管理高層辦事而累得半死。因此，組織的成長需要前拉後推的節奏。

第二，與廣川的自我成長有關。依我看來，在日本，如果想成為一位成功的經營者，光靠策略與領導力似乎還不夠。如果缺乏人性、包容或氣度等「人味」，即使位居高層，終究還是無法成大器。

或許，大家會認為這是理所當然的事，但是，想要二者兼顧，卻不如想像中容易。有趣的是，一般而言，人味十足的經營者都不喜歡或不擅長策略思考。

當然，也可以反向思考。總之，重視策略的人，性格比較冷靜，或者可以說，與人的互動不夠熱絡，給人有點「酷」的印象。

不過，廣川自己好像尚未清楚認識到這一點。然而，如果硬要解釋他的感受，我們可以說，比較注重人味、充滿人性的經營者，應該培養策略思考的理性思維；相反地，凡事講理、注重邏輯的經營者，最好能讓自己更有人味。面對同樣一堵高牆，如果不能努力翻越，身為一位經營者，就無法得到明天的成長。

在巨變中求生存

在這裡，我想談點自己的經驗。我覺得，終身雇用制度好像不大適合我，依我的個性，其實不想在一家公司工作到退休，我喜歡挑戰新事物或有變化的事情。然而，社會需要長期繁榮，因此，當超越不穩定的時期之後，如何長期發展維持，是一件相當重要的事情。

以我的經驗為例，我所經手過的企業再造專案，都靠其他人的後續努力，讓那家公司繼續茁壯，而我自己也獲益匪淺。如果不是這樣，自己的辛勞就沒有什麼意義了。

我記得一九六九年，當我加入波士頓顧問公司（以下簡稱ＢＣＧ）時，我是個工作經驗不多的菜鳥，當時，ＢＣＧ的日本董事長詹姆斯·阿貝格蘭博士（James C. Abegglen）想從日本企業挖角，找日本人當管理顧問，因緣際會之下，我就成為這個計畫的第一批。

當時，就連ＢＣＧ在美國本土最大的競爭對手——麥肯錫（McKinsey & Company），也尚未在日本成立分公司，所以，不少人跟我說跳槽到ＢＣＧ實在太冒險了。而且，當時不流行換工作，大多數的日本上班族，都是在終身雇用制度之下，在同一家企業工作做到退休為止。

當時的ＢＣＧ，在日本完全沒有名氣，就連所謂「策略」這樣的用語，對於日本社會來說，都還是個很強烈且新鮮的辭彙。因此，對於干於冒著風險，成為ＢＣＧ第一批的人來說，ＢＣＧ簡直就是現在的新興企業。

如今，ＢＣＧ已經聲名遠播，甚至讓人有一種商業權威的感覺。對於曾經服務過的我來說，真是與有榮焉。

然而，當時ＢＣＧ決定將我從日本調任到美國總公司時，對我來說有如晴天霹靂。我滿懷忐忑的加入他們，沒想到會得到這樣的回報。

在即將啟程前往波士頓之前，我突然因為胃痛而住院。其實我從小開始，胃就不大好，當時整個爆發出來。當時，美國並不是平民百姓可以隨便去的國家，我當時只想快一點康復、啟程履新，所以，拜託醫生動手術把我的胃切掉。

當時，家母問我：「美國那麼重要嗎？你寧可動手術把胃切掉都想去。」

我回答：「對，我非常想去。」

所以，我接受手術治療；康復之後，懷著悲壯的心情，啟程赴美。

當我抵達波士頓時，很驚訝地發現，在ＢＣＧ總公司的管理顧問中，只有三個人是大學畢業的學士。我很抱歉將另外當時二位與自己相提並論，其中一位是ＢＣＧ創辦人兼董事長的布魯斯・韓德森（Bruce Henderson），另一位是個將才，後來在華盛頓自立門戶的沃爾克・路易斯（W. Walker Lewis），再來就是年輕的我。

當時其他的管理顧問，不是碩士就是博士。因為這個原因，燃起我想在美國商學院進修、取得ＭＢＡ學位的強烈慾望。

不過，當時的我，並沒有餘錢可以攻讀碩士學位。

小時候，我曾經送報掙錢；學生時代，曾與母親二人利用家裡一個六疊榻榻米（按：約三坪大小）的房間，輔導小學生課業以貼補家用。由於我在這樣清苦的環境下長大，所以，也不大可能厚著臉皮跟家裡伸手要錢跑去留學。所以，我就下定決心，把任職於ＢＣＧ的薪水存下來，期待在不久的將來，能夠重回校園進修。

我每天省吃儉用，好不容易來到美國，拿的薪水又比美國同年齡的上班族多，但是，我除了工作，下班之後哪裡也不去，就像個清寒學生一樣過日子。但是，因為有一個目標支撐，所以當時的我，並不以為苦。

如果以當時的匯率換算，日本大學生畢業後的薪水還不到二百美元。相較之下，我在波士頓所拿的薪水，已經跟一般的ＭＢＡ沒有兩樣。這在當時的日本，是一個特例。因此，我存錢的速度相當快，並不是待在日本國內可以想像的。因此，這可說是我生命中的一個奇蹟。

後來，當我從波士頓的ＢＣＧ總公司調回到東京分公司，馬上跟我相戀多年女友步入結婚禮堂，我們是因愛而結合，所以，當時我已經有心理準備必須暫時放棄留學大夢。同時，我在波士頓工作期間存的錢，還不夠支付我一個人留學美國攻讀ＭＢＡ的費用，更何況是夫妻二人在美國的費用。

當時，我甚至想，或許這輩子和留學是無緣了。

但是，有一天，內人突然跟我說：「早知道你因為跟我結婚，才放棄去美國留學的話，我就不結婚了。我會在日本等你回來，你一個人去美國念書吧！」

聽她這麼說，我不禁鬆了一口氣：「妳說得對，我不能一直原地打轉。」被內人這麼當頭棒喝，覺得無論如何，我一定要走一遭留學之路。

一年後，我跟ＢＣＧ申請要去美國留學，阿貝格蘭博士或其他顧問前輩們都認為，在管理顧問公司工作多年才去商學院留學，對我來說，其實沒有什麼意義。

因為，ＢＣＧ正是商學院ＭＢＡ畢業後的去處，他們說：「你都已經是ＭＢＡ等級了，有必要大費周章走回頭路嗎？」但是，我堅持初衷，向他們解釋說，接下來，我希望自己未來離開大企業單飛、走上創業之路，所以，有一張ＭＢＡ的文憑比較好。阿貝格爾博士可以說是我的再造恩人，即使我現在看到他，也是滿心感謝。

能夠從日本的大學畢業十年之後，再回到大學校園度過二年學生生活，其實是相當奢侈的一件事。

當我去史丹福大學時，馬上感受到ＢＣＧ的光環。美國的企業策略理論並非由大學裡的學者宣揚世界，而是從大學畢業就到實業界工作的管理顧問們，精心研擬並發揚光大。因此，商學院的教授們就像老鷹一般，隨時緊盯著ＢＣＧ的動向。

企業策略是商學院的必修課程，我受指導教授之託，在這個課程開始上課時，花一個小時跟班上同學簡報ＢＣＧ的策略理論。美國不愧是個自由掛帥的國度，才能夠放任我這樣的日本留學生這麼做。

當天課程結束以後，教授把我叫去研究室，笑嘻嘻地說：「這個課程的學分我會給你，你以後不用來上課了。」

後來，我雖然知道有點勉強，但是，還是把內人請來美國，夫妻二人住在大學宿舍裡。她在大學的日文圖書館打工貼補家用。放暑假時，我也去芝加哥賺錢存學費。我們生活雖然簡樸，但是，放假時，二個人就到處旅行。有時候，我也在校園裡的高爾夫球場中，用幾塊錢美金的學生費用享受專業級的球道與優美風景，所以，一點都不覺得生活窮困。但是，在快要畢業的時候，我的存款終於見底了。

不過，當時內人已經懷有小女。我還記得，我很羡慕一些日本企業派遣來的公費留學生，不僅整個家庭一起接來，而且生活優渥。

為了省錢，內人獨自回到日本待產，我當時無計可施，正在想該去跟誰借錢。就在此時，我決定畢業之後前往任職的百特醫療產品公司（Baxter International Inc.），剛好寄一張支票，支付我搬家到芝加哥的費用。這就像久旱逢甘霖一樣，解救我的難題。

我所存的每一分錢，都用在我個人的教育投資上。當然，我絲毫不後悔。幸運的是，在這之後，我再也沒有為錢的事情擔心。但是，家母一輩子辛勞卻等不到我回國盡孝，就已經與世長辭。

培養能屈能伸的功夫

我在芝加哥的百特醫療產品公司擔任董事長特助之後，被調回日本，擔任該公司與住友化學（Sumimoto Chemical）合資案的主責者。我突然被指派擔任業務部總經理，負責這家公司七成以上的產品，同時馬上被任命為常務董事。

當時，我還年輕也不夠成熟，更何況要負責經營日本財團與美國企業合資公司；從世人眼光來看，我還早了十到二十年。在我上任的前一天，我去理髮店，拜託理髮師傅讓我盡可能看起來老氣一點。

我負責的事業，在十年前的日本，雖然是該業界的龍頭老大，但是，當時的市占率卻只有百分之十。我上任以後，很幸運地陸續有一些新產品推出，但是我卻花費了一番工夫才重整組織，讓市占率往上攀升、逆轉市占率。

我在三十三歲昇任為董事長，我覺得有一種臨危授命的感覺——無關自己的意願，而是經營高層賦予重任。在我任職百特醫療產品公司期間與住友化學交涉，買進他們的持股，最後變成百特公司百分之百的子公司。在我剛上任的時候，公司約有一百二十名員工，後來因為蓋工廠之類的擴張，四年之後，員工人數增加到三百名左右。

當我自己身為管理高層的一分子之後，就像用力拉扯橡皮筋一樣，每天總是繃緊神經工作，有時自己也覺得辛苦。現在回想的話，當時的我，就像吹氣球一樣，不斷鼓脹。

然而，如果是在我四十三歲或五十三歲時才擔任董事長，大概也會像三十三歲的時候差不多，必須在不斷的錯誤中學習。因此，對我來說，早一點學到這些必經的錯誤，反而是一個求之不得的經驗。

我的部屬從無到有，費盡心血在岐阜蓋工廠，因為美國公司不核准，就隨便找藉口塘塞，用一些方法暗地裡成立研發小組，在日本研發新品，這個小組成為後來的客服中心。當工廠或研發小組的組織建立起來以後，日本客戶的信賴感就一百八十度改變，因為他們已經認同我們的因應速度與品質水準。

這家公司因為後來又併購其他公司，因此員工數高達一千名左右。我每次遇到現任的董事長或會長時，都很感謝他們後續的努力。

換個話題，話說我在一九八〇年，花了三年時間重新改造大塚電子（當時的聯合技研）。我接手時，那家公司再一個禮拜就要關門大吉了，幸好有大塚製藥出手援助，才成為一家新興企業。該公司的技術獨特，甚至夠資格申請日本新技術研發事業團或通產省（按：相當於臺灣經濟部）研發型企業培育中心的補助。但是，經營方針太偏向技術的關係，因此經營陷入困境。

這家公司在我離開後，同樣因為接任者的努力而起死回生。然而，當我著手重整這家公司時，當時的年度營業額還不到目前三個星期的業績，是一家死氣沉沉的夕陽公司。當時，大塚製藥的大塚明彥董事長找我時，我開始對這家新興企業產生興趣，同時感受到重建一家公司的價值，因此自願接受委託。但有時候，也有一種跑到鄉下的感覺。

我每天時時刻刻絞盡腦汁，都在思考究竟要怎麼做，才能讓這家公司回到正軌，繼續成長。過了一段時間準備著手再造企業時，我才驚覺，不能抱持「回歸原有路線」的想法。

原因是這家公司在瀕臨倒閉的懸崖上掙扎時，市場或競爭對手已經向前邁進了，因此，即使他們回歸原有路線，也無濟於事。我發現，不應該再去跟過去糾纏不清，趕快找出新的策略，才是起死回生的捷徑。一想到此，我整個人神清氣爽起來。

即使覺得自己在規畫經營管理方面的策略很有心得，一旦獨自煩惱時，要找出一個簡單的原因，卻需要花費不少時間。當自己置身於第一線的現場時，往往出現「旁觀者清、當局者迷」的現象。在這樣勞心勞力的過程中，往往因為一個小轉折，好像天降神旨般靈光一現，讓原本模糊不清的腦袋變得條理分明。就這是為什麼我們常說，做慣管理顧問的人一旦自己開公司，也跟凡人沒什麼兩樣的道理。

這就像是本書中的主角廣川洋一，決定要將朱彼特的促銷重點，放在機器本身而非新型試劑這樣簡單的道理，這也是他想了好久之後才察覺到的解法。

結果，我花了三年的時間，才將大塚電子從瀕危的絕境，恢復到比較像樣的狀態。而且，我相當佩服大塚明彥先生，願意出手挽救一家沉到谷底的公司，同時鍥而不捨地將公司改造成逆轉勝之後屹立不搖的企業。

當這家新興企業重建以後，我也因為這個機緣而成為科技創投公司（Techno-Venture Co., Ltd.）的董事長。這家公司的創辦人是已故的鮎川彌一先生，他是日產集團（Nissan Konzern Group）總裁鮎川義介先生的長子。當時，我負責六十億日圓的投資計畫，因為職務所需，我認識不少日本或美國新興企業的經營者。創投界是一個榮耀與破滅交錯、現實與虛幻交織形成的真假並存、奇妙炫惑的花花世界。

就這樣，我人生的前半段，也就是在二十、三十多歲時，經歷了大企業的上班族、管理顧問、二家業績赤字的公司負責人與創投家等四種不同的職務。

對於日本人來說，我的前半生或許顯得波瀾壯闊。然而，從我加入ＢＣＧ到今天為止，我的職涯一直都是以「策略」為主。

我在四十一歲時，自立門戶創業。雖然，在後半的人生重新回到管理顧問的世界，但是，我卻想從事跟以前在ＢＣＧ擔任管理顧問工作時，完全不同的形態。我的目標是成為一位「企業再造專家」，針對業績不振的事業，提供專業的企業再造建議。這條道路雖然並不輕鬆，但是人生有限，我希望將自己的下半生貢獻給《Ｖ型復甦的經營》（『Ｖ字回復の経営』，繁體中文版由經濟新潮社出版）。

三十世代應有的固執

日本人的成功模式，一般是在二十幾歲丟盡了臉、在三十幾歲因為太過自負而失敗、四十幾歲謙虛努力，然後到五十幾歲開花結果。

如果在美國的話，則比日本早十年以上，所以才能快速的創造出許多明星，這就是美國的魅力。我想，未來日本也會有愈來愈多的年輕世代，朝向這個模式發展職涯。

本書中的主角廣川洋一，已經快要跨越三十世代的尾聲邁向四十大關，屬於「還輸得起」的年齡，在這個階段，萬一做錯事還能得到原諒。我覺得，想成為一位世人眼中的成功者，三十五歲三十九歲這五年，是人生中最重要的成敗關鍵。

如果等到四十歲後半或五十幾歲才失敗的話，就會是一種「再也輸不起」的沉重負擔。然而，如果在三十幾歲失敗或失意，因為還年輕，所以屢敗屢戰，想辦法再站起來，還有時間慢慢恢復。

一直以來，日本企業對於失敗者都毫不留情。在同一家公司從來沒有敗部復活這種事。失敗者總是需要花費許多時間，耗盡餘生，才好不容易得到平反。

然而，這個現象將會有所改變，未來的時代，需要能夠清楚區分出有意願、有能力衝鋒陷陣進而挑戰工作的人，以及願意提供各種機會給有能力的人，否則整個公司將無法在競爭劇烈的巨變中生存。

當然，這樣的方法可能會造就更多的失敗者。然而，若因為這些人的失敗而將他們打入冷宮，那家公司馬上就會面臨人才短缺的窘境。因此，未來一個能夠容許挑戰風險的人事制度是不可或缺的。

若非如此，日本菁英們的跳槽率，將會像美國一樣突飛猛進。如果我們不能珍惜在日本企業中挑戰，累積失敗經驗的重要人才，那麼，人才也就無法融入公司，心想：「早一點跳槽到別家公司發揮所長，還比較划算」。

日本企業為了在二十一世紀求生存，應該讓三十幾歲的員工挑戰具有風險的事業，讓他們累積成功與失敗的經驗，以便成為將來推展策略時的重要成功因素。

而年輕人如果想在二十一世紀的組織中成為領導人才的話，我認為要有心理準備，必須在三十幾歲時，比現在更積極才行。

我認為，從廣川的工作態度中，也能看得出那種固執的味道。

後記

當今職場工作者所需具備的能力

專業公司的特性

二十世紀的後半世紀，商業世界變得相當複雜。我們已經無法單憑直覺或經驗法則，看清動態競爭的樣貌；這個時代需要明快的訂定理論或策略，同時忠實執行以便找出「克敵致勝」的機會。

隨著理論或策略的進化，大眾開始認知到「專家」（專業人才）對於經營的必要性。並非只有企業經營才需要專家。這二、三十年來各種領域都有類似的現象，因此，美國大部分的業界都成功的培育出各種「專業人才」。但是，日本大部分的業界在專業人才的能力或經驗上與美國相比，簡直有著天壤之別。美國從一九六〇年代到一九九〇年代初期，雖然大部分的領域都不斷輸給日本企業，但在金融工程、電腦軟體、生技、管理顧問、創投專家、專業經營者等職業上，美國卻比日本占有絕對的優勢。

首先，這些都屬於「**重視創意的腦力行業**」。只要能夠確保某種程度的資金（事實上大部分都沒有資金問題），再來就是如何拓展「創意（creativity）」了。這裡所謂的創意，並非單指技術研發而已。一個事業或商品成功與否，取決於身處領導地位的企業家展現「策略創意」。

所謂創意，必須憑藉著個人能力的展現才能持續。

因此，第二，這些領域中，「**個人**」必然扮演舉足輕重的角色。「個人力量」與「專業主義（professionalism）」將決定勝負的道路。

當人類的社會形成高度的專業集團時，不可避免也不可或缺地，就會產生一種「弱肉強食」與「人才流動」的特性。讓我們想一想職業棒球的世界就可以了解。經過選秀（draft）的新人，如果表現優秀的話，就可以壓倒前輩搶奪地位，成績不佳的前輩，不是辭職就是換到其他球團，試圖東山再起。

如果職業棒球無法確保「弱肉強食」與「人才流動」的話，球隊的成績就會一蹶不振。大部分的日本人都認為這就是所謂「專業的世界」，果真如此的話，商業世界如果也有高度的專業組織，當出現同樣行動模式時，就不難理解這是時勢所趨。

因此，第三，遵循專業社會的特性，這些領域的**人才流動便相當高**。美國的跳槽率本來就高，其中又以矽谷或金融、投資等領域的變動更激烈且瞬息萬變。當流動的組織環境，已經不是美國大企業的組織可以因應時，新的商業模式便趁此興起。（對傳統日本企業的人事部來說，這種變動簡直是發瘋一樣。）

在巨變環境下，美國成功整合「重視創意的腦力行業」與「培育優秀專家」。不論好壞，連結這二種要素，靠的就是強烈的「獎金分紅」做為第三個因素發揮功效。美國藉由這個因素在先進的領域中占有優勢，取代逐漸衰弱的傳統行業，同時讓一九九〇年代的美國經濟恢復元氣。

總而言之，美國新的產業活化，並不是因為一般企業員工的改善或努力等，大部分是靠腦力型專家的創意，以及憑著實力的工作績效所產生的結果。

為什麼很難培育專家？

相較於此，日本大部分的領域都無法成功的「培育專家」。

理由我在前面都已經說明了。如同在高度的專業集團中無法避免「弱肉強食」與「人才流動」的現象一樣，在日本企業中也強勢存在以內部訓練或晉升做為主軸的「內部勞動市場」，形成一種「和平共存」的經營文化。

在這樣的企業社會中，外部的專業經營者或管理顧問等所組成的「專業人才市場」，便背負著難以擴大的宿命。然而，二十世紀後半的日本企業在策略上仍然需要依賴內部勞動市場，締造出驚人的高度成長，因此魚與熊掌便無法兼顧。

如果日本企業過去肯打破「內部勞動市場」的成見，重金投資員工教育，將員工的能力提昇到專家等級的話，事情會如何發展呢？

但是，如果員工接受這些教育並且達到專家等級，卻又得不到相對待遇，就只好辜負企業的期待，陸續跳槽到能力與薪資成正比的「專業人才市場」。

這就好像我們常聽到，被日本企業派遣到美國商學院進修的青年才俊，在取得ＭＢＡ之後，回國卻領取原來的待遇，之後心生不滿，陸續辭職並跳槽到外資公司的案例一樣。因此，有些企業就停止ＭＢＡ的進修制度，改用短期進修講座（如果這樣的話就不用辭職了）取代。

回顧歷史，我們可以發現日本在傳統的企業組織環境中，很難培育出美國型的專家，即使培育出也是龍困淺灘。

只要堅持傳統的「內部勞動市場」系統，這就是一種無法逃避的宿命。

在社會中，專家屬於一種「**個人的突出表現**」，只有專家才能培養專家。因此，培育專家需要該組織裡也有「專家級的上司或教練」。然而，長期以來在日本企業狹窄的組織裡，凡是與眾不同的「突出」人才，就會受到缺乏專業意識的上司或同事打壓，所以最後大多不是變回普通人，就是抱著破釜沉舟的決心向外飛奔。

如果以管理顧問的領域來說的話，日本從一九七〇年開始，大部分的銀行或證券公司想改造成美國般的專業集團，紛紛設立管理顧問或綜合研究所等子公司，並派遣不少員工赴任。

照理來說，他們因為具有銀行背景，應該很容易向融資客戶推銷他們的管理顧問服務，但說得不客氣一點，這些公司的行動卻如同一般專門舉辦研習會的公關公司一樣，不然就是關門大吉。

現今，針對日本企業的經營顧問公司所彙集的人才，不論是策略型或會計事務所型、資訊系統型，即使有例外，現在也還是以外商公司或子公司為主。

因此，不少不顧風險，只為得到相當資歷的日本人，只好跳槽到以專業為主的外商公司才能解決問題。

相同地，日本金融機關從一九八〇年代以來，因為新興企業的流行，便砸下重金到處設立創投公司，但即使過了二十年，仍然培育不出一位有美國專業水準的創投專家。新興企業之所以無法在日本茁壯，是因為培育與被培育雙方，都缺乏經營的專業知識所致。

然而，日本專業人才的問題卻仍然留待解決。

創意的問題

日本因為專家團體的培育腳步較慢，因此也延緩了日本研發出特有的思考方法或手法，造成目前美式手法在全國散播的現象。比方說，想當管理顧問的日本人即使轉職到外商公司，日本出身的經營顧問也不是那麼簡單就能夠達到國際等級，成為一流的專業人才。很遺憾的是，日本與美國的經營顧問在孕育新概念的能力上有著天壤之別，造成「創意」的落差。

我帶著一點諷刺與羨慕的語氣，將美國的管理顧問業稱為「**經營知識創造的產業**」。諷刺的是，美國的優秀管理顧問們大多缺乏經營企業的實務經驗，卻不斷地編織出新的經營方法。而美國那些經驗豐富的經營者，竟然還心甘情願的高價埋單。

令人羨慕的是，在這樣以虛幻方式編織出來的經營方法中，並非所有事物都說得過去，但是，有時卻因為他們具備日本管理顧問所欠缺的敏銳洞察力與創意，而使得改革成真。

在經營策略或組織理論的領域中，談到如何藉由獨創的實戰型經營方法或策略概念（並非單靠學者理念所進行的單純「思考方法」或分析，而是從公司高層到中階主管共同參與，配合經營現場真正運用的工具，設定實際的經營效果。）孕育創意的話，很明顯地，日籍管理顧問輸給美籍管理顧問，而且，我自己也深以為戒。

很抱歉，我先保留自己能力不足的部分，但是，想在經營現場中想出真正的有用概念並非易事。客觀環顧整個日本，這是現實面的問題，而且可以從歷史中獲得驗證。

總而言之，美國製造出不少頂級的「真正的厲害人物」，他們的創意並不是日本人可以一蹴可及。經營策略理論、組織變革理論、領導力理論、資訊革命等大部分的經營理論或工具，因為日美貿易的失衡，造成日本在進口方面壓倒性的入超現象。

而造成日本與美國之間這種差距的關鍵字之一就是「專業主義（Professionalism）」。

廣川洋一，就是我的實際寫照

本書是我人生第一次動手執筆寫書的單行本，剛開始是由鑽石出版社（Diamond）出版單行本，十年內再版二十五次；二〇〇二年，改由日本經濟新聞出版社（Nikkei Publishing）以文庫本的規格重新出版。改版當時，我除了增加部分內容並修改以外，同時配合時代背景稍做變更，以配合二十一世紀的時事，避免讀者有隔閡感。

本書主角廣川洋一，其實就是我。雖然有不少讀者問過我，我一直不置可否。這是因為故事裡出現不少當時的相關人物，而且有些還是「壞人」的角色，因此，我才保持沉默，以免造成當事人的困擾。然而，現在事過境遷，相關人士都已經逐漸遠離當時的舞臺，我想應該已經過了時效追溯期，說出來，大概也沒有關係。因此，就趁著這次文庫版的發行，說明事情的原委。

我的用意無他，就是藉此對當時相關的人物，致上我最深的謝意。我想透過本書，忠實地呈現自己當時身為管理高層，肩負經營責任的成功案例。在故事中，無法一語道盡的是，如同在泥濘中打滾般的失敗經驗，或公司內部的政治鬥爭、人性的試煉、情感的糾葛等，現在回想起來，真是不勝枚舉。因此，就這個意義來說，不能否認經過一番爬梳整理之後，以廣川洋一的身分掩飾醜陋的部分。然而，因為我的重點集中在本書主題的「策略理論」，因此就這個意義來說，我現在仍然深信自己在本書中如實還原當時的狀況。

不僅是廣川洋一，就連當時的我，都是一個不夠成熟的領導者。我並不是只有成功的故事，也嚐過許多失敗的經驗，自己人生中第一次管理經驗的週期，是在痛苦中度過的。我在財團企業的合併公司任職時，負責重建某個虧損的事業部，如此艱困的任務，就交付給我這樣一個從來沒有領導經驗的新手。那是孤軍奮戰的經歷，即使現在回想起來，仍然不禁想要「給自己鼓掌」。對我來說，不管過了幾年，當時跟隨我的部屬們都是永遠難忘的「戰友」。

目前，大多數日本的職場工作者早已忘記什麼叫做「工作熱情」。然而，現在日本最需要的，不就是**「理論」與「熱情」的結合**嗎？我想唯有如此，才能夠找出一條路，培養自己成為本書所謂的「策略領導者」。

索引

圖表索引

專有名詞索引（按：僅列作者首次提及詞條的頁碼）

◎人名

布魯斯・韓德森（Bruce Henderson，一九一五—一九九二）／33
沃爾克・路易斯（W. Walker Lewis，一九四四—）／305
傑克・威爾許（Jack Welch，一九三五—）／77
詹姆斯・阿貝格蘭（James C. Abegglen，一九二六—二〇〇七）／78
索忍尼辛（Alexandr Solzhenitsyn，一九一八—二〇〇八）／162
胡佛（Herbert Clark Hoover，一八七四—一九六四）／162
野中郁次郎（Ikujiro NONAKA，一九三五—）／34

◎企業、組織、學校名

一橋大學（Hitotsubashi University）／229

◎品牌名稱

◎專有名詞

一至五畫

六至十畫

十一畫

十二畫

十六至二十畫

國家圖書館出版品預行編目資料

放膽做決策：一個經理人1000天的策略物語／
三枝匡作；蕭秋梅、黃雅慧譯. -- 初版. --
臺北市：經濟新潮社出版：家庭傳媒城邦分
公司發行, 2012.06
面；　公分. --（經營管理；93）
譯自：戦略プロフェッショナル
ISBN 978-986-6031-14-4（平裝）

1. 企業策略　2. 策略規劃

494.1　　101009278